ANLEITUNGEN FÜR DIE CHEMISCHE
LABORATORIUMSPRAXIS
BAND VI

GEGENSTROM-VERTEILUNG

VON

PRIVATDOZENT DR. H. M. RAUEN UND DR. W. STAMM

MIT 65 ABBILDUNGEN

SPRINGER-VERLAG
BERLIN · GÖTTINGEN · HEIDELBERG
1953

ISBN-13: 978-3-540-01676-2   e-ISBN-13: 978-3-642-92586-3
DOI: 10.1007/978-3-642-92586-3

DRUCK DER UNIVERSITÄTSDRUCKEREI H. STÜRTZ AG., WÜRZBURG

UNSEREM VEREHRTEN LEHRER

HERRN PROF. DR. MED. KURT FELIX

IN DANKBARKEIT GEWIDMET

Vorwort.

Der verstorbene Herausgeber dieser Reihe „Anleitungen für die chemische Laboratoriumspraxis", EDUARD ZINTL, nannte im Vorwort zum ersten Bande als ihre Aufgabe, kleinere Lehrgänge zusammenzutragen, die an Hand ausgewählter Versuche die Bekanntschaft mit dem handwerklichen Rüstzeug, mit den wichtigsten Anwendungsgebieten und mit der Leistungsfähigkeit der Methode vermitteln.

Bei der Niederschrift des Manuskripts zu dem vorliegenden „Lehrgang" haben wir uns ganz von diesen Richtlinien leiten lassen. Dem vor Problemen der schonenden und wirksamen, dabei apparativ einfach durchzuführenden Substanztrennung stehenden Chemiker und Biochemiker sollte eine kurze Anleitung mit theoretischer Einführung und Fundamentierung der Gegenstromverteilung als einem der bisher erfolgreichsten und am vielseitigsten anzuwendenden Trennverfahren gegeben werden, die ihn erleuchtet, seine eigenen Schwierigkeiten ohne Umschweife anzupacken. Das Theoretische wurde nur in knapper Form dargestellt, und es wurde stets versucht, es dem Praktischen unterzuordnen. Schematisierungen und — besonders im mathematischen Teil — „Sprünge" bei den Formelableitungen waren nicht ganz zu vermeiden. Die letzten Kapitel behandeln die Kriterien der Trennbarkeit von Substanzen und geben an Hand einer Reihe ausgesuchter, detailliert wiedergegebener Arbeitsvorschriften einen Begriff von den vielseitigen Anwendungsmöglichkeiten dieses Trennverfahrens und den bis jetzt erzielten Trennerfolgen. Das Literaturverzeichnis hilft demjenigen weiter, der sich über spezielle Fragen näher unterrichten will. Anspruch auf Vollständigkeit wird in keinem Falle erhoben.

Die Unterlagen zu den Abb. 19 und 20 verdanken wir Professor L. C. CRAIG, New York, die zur Abb. 17 seinem Mitarbeiter H. O. POST, zu den Abb. 28 und 29 Professor R. SIGNER, Bern, und zur Abb. 22 Dr. N. GRUBHOFER, Göttingen. Beim Lesen der Korrekturen und der Zusammenstellung des Registers half uns MARIANNE BUCHKA. Der Springer-Verlag war um eine erstklassige Drucklegung und Bildreproduktion bemüht. Allen gebührt unser herzlicher Dank.

Frankfurt a. M., September 1953.

H. M. RAUEN und W. STAMM.

Inhaltsverzeichnis.

I. Einleitung.

Das Problem der Substanzreinheit.

Bemüht man sich festzulegen, was unter der Reinheit einer Substanz zu verstehen ist, so ergeben sich zwei Wege des Vorgehens. Der eine führt zur Definition der *absoluten Substanzreinheit*. Sie besteht dann, wenn die Substanz als eine Ansammlung von Molekeln angesehen werden kann, die in allen Eigenschaften des Aufbaus und Verhaltens völlig gleich sind. Dies zu überprüfen, müßte man die Molekeln einzeln untersuchen und gegebenenfalls Fremdmolekeln aussondern können, so wie man die Erbsen auf einen Tisch schüttet und die guten von den schlechten trennt. Ein solches Verfahren ist im Größenbereich der Molekeln noch nicht möglich, und so hat die Definition der absoluten Substanzreinheit vorerst nur den Charakter eines fernen, doch anzustrebenden Zieles.

Der andere Weg des Vorgehens führt zur Definition der *relativen Substanzreinheit*. Sie ist eine Definition per exclusionem und beschränkt sich darauf, eine Substanz als rein anzusehen, wenn sich keine Verunreinigung mehr nachweisen läßt. Dieser Nachweis muß mit bestimmten Methoden geführt werden. Je nach Empfindlichkeit und Spezifität dieser Methoden weist man in der gleichen Substanz keine Fremdmolekeln oder doch wieder solche nach. So ist man gezwungen, stets mehrere Verfahren der unterschiedlichen Empfindlichkeit und Spezifität zum Nachweis von Verunreinigungen zu verwenden. Kommt es darauf an, diese zu beseitigen, und strebt man die besterreichbare Substanzreinheit an, so kritisiert man den Erfolg der Reinigungsoperation an Hand der empfindlichsten und geeignetsten Nachweismethoden für die Verunreinigung. Lassen sich mit keiner der zur Verfügung stehenden Methoden Verunreinigungen mehr nachweisen, so ist die Substanz doch nur relativ rein, denn es können Verunreinigungen unterhalb der Empfindlichkeitsgrenze der Nachweismethode oder noch außerhalb des Ansprechbarkeitsbereiches aller angewandten Nachweismethoden vorliegen und sich dem Test entziehen. Bis zu welchem Reinheitsgrade man die Reinigung einer Substanz anstrebt, hängt von ihrem Verwendungszweck ab. Nach diesen Gesichtspunkten richten sich die Reinigungsoperationen für die in der Chemie üblichen Reagentien. In vielen Fällen genügen schon wenige Reinigungsstufen, um Substanzen mit für viele Zwecke hinreichender Reinheit zu erhalten. In der Naturstoffchemie ist dies anders. Hier muß man eine gesuchte Substanz aus einem Material anreichern, in dem sie in verhältnismäßig geringer Konzentration, d.h. neben vielen anderen Verbindungen vorkommt. Solange die letzteren gegenüber der ersteren sehr verschiedene chemische und physikalische Eigenschaften besitzen, kommt man mit den üblichen Verfahren der fraktionierten Fällung, Destillation oder selektiven Adsorption aus. Ist die Substanz labil, muß man Methoden vermeiden, die sie chemisch oder physikalisch verändern. Die Anreicherung mit schonenden physikalischen Methoden ist meist einer solchen mit chemischen Verfahren vorzuziehen. Die Trennung wird schwieriger, wenn die verunreinigende Substanz sehr ähnliche physikalisch-chemische Eigenschaften im Vergleich zur Hauptsubstanz besitzt.

Das Problem der Substanz*reinigung* ist also ein Problem der Substanz*trennung*, und dasjenige des Reinheitskriteriums eine Frage der Empfindlichkeitsgrenze der Testmethoden. Es zeigt sich, daß oft mit zunehmender Empfindlichkeit der Ansprechbarkeitsbereich enger wird, d.h. das Testverfahren mit zunehmender Spezifität auf einen kleiner werdenden Verbindungskreis anspricht. So verringert sich wieder die Wahrscheinlichkeit, eine Verunreinigung mit einiger Sicherheit aufzufinden.

Das idealste Verfahren zur Substanztrennung wäre also eines, das sowohl Gewähr für bestmögliche Separation von Stoffen bei einfachster Handhabung bietet, als auch äußerst empfindlich für den allgemeinen Nachweis jeder Verunreinigung ist und zudem die für die Substanz schonendsten Arbeitsbedingungen garantiert. Ein solches allgemein anwendbares Trennverfahren, das sowohl im präparativen als auch im analytischen Sinne, oft sogar in beiden zugleich, verwendbar ist, ist die *Gegenstromverteilung* (counter current distribution).

Man kann mit ihr aber nicht nur Substanzen trennen und auf Ab- bzw. Anwesenheit von Verunreinigungen prüfen, sondern darüberhinaus die Substanzen selbst an Hand physikalisch-chemischer Daten charakterisieren.

Lyman C. Craig vom Rockefeller-Institut für Medizinische Forschung in New York gebührt zweifellos das Verdienst, die Gegenstromverteilung 1943 begründet (*1*), vor allem die ersten brauchbaren Apparate aus Metall und Glas zu ihrer Durchführung konstruiert zu haben. Sehr bald nach Bekanntwerden des Verfahrens hob es sein Urheber aus dem Bereich der Empirie in den der mathematischen Beherrschung. Doch hat die Gegenstromverteilung eine Vorgängerin in einem 1932 von E. Jantzen in Hamburg (*2*) angegebenen, diskontinuierlichen Trennverfahren. Diesem folgten 1934 (*3*) und 1940 (*4*) kontinuierliche Methoden, die auf dem gleichen Prinzip beruhen wie das Verfahren von Craig.

Dieses Prinzip ist die bereits 1872 von Berthelot beobachtete und 1891 von Walter Nernst verallgemeinerte Erscheinung, daß sich eine Substanz zwischen zwei nicht unbegrenzt mischbaren, aber gegenseitig abgesättigten Flüssigkeiten in einem bestimmten Verhältnis verteilt. Auf diesem durch den Nernstschen *Verteilungssatz* formulierten Vorgang beruhen noch andere Trennverfahren, die in der Technik (*5*) und im Laboratorium seit langem üblich sind. Die bedeutendsten unter den in Laboratorien heimischen sind die Verteilungschromatographie und die Papierchromatographie [vgl. (*6*)].

II. Der NERNSTsche Verteilungssatz.

1. Definition.

Zur Erläuterung der theoretischen Grundlagen der Gegenstromverteilung diene Abb. 1. Ein Lösungsmittelpaar bestehe aus zwei begrenzt mischbaren Flüssigkeiten, z.B. wassergesättigtem Butanol (I) und butanolgesättigtem Wasser (II). Eine Substanz X, in einer der beiden Phasen gelöst, verteilt sich beim Umschütteln zwischen den beiden Phasen nach

$$\boxed{\frac{C_{X_\mathrm{I}}}{C_{X_\mathrm{II}}} = k.} \tag{1}$$

Der *Verteilungskoeffizient* k ist also das Verhältnis der Volumenkonzentrationen oder bei gleichen Volumina der Phasen auch der absoluten Mengen von X in der oberen zur unteren Phase. X darf sich nicht mit einer der Phasen chemisch umsetzen und muß in beiden löslich sein. Auch muß Temperaturkonstanz herrschen.

Nur im Idealfalle ist k bei konstanter Temperatur über einen weiten Konzentrationsbereich von X in dem Verteilungssystem eine Konstante. Meist wird k mit zunehmender C_X größer oder kleiner, oder ist abhängig von physikochemischen Reaktionen, die X mit sich selbst oder unter dem Einfluß der Solventien eingeht. Dissoziation, Assoziation und Komplexbildung sind die wichtigsten dieser Veränderungen.

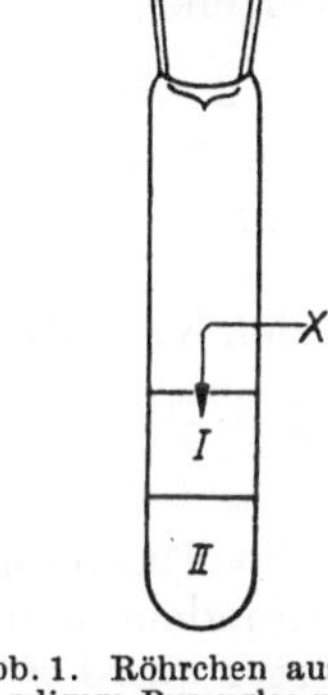

Abb. 1. Röhrchen aus dickwandigem Pyrexglas mit eingeschliffenem Glasstopfen zur experimentellen Bestimmung des Verteilungskoeffizienten. *I* = Obere Phase, z. B. wassergesättigtes Butanol. *II* = Untere Phase, z. B. butanolgesättigtes Wasser. *X* = Die zu verteilende Substanz.

Diese Vorgänge sind nun selbst wieder abhängig von „Milieubedingungen", z. B. von der Temperatur, der Wasserstoffionenkonzentration oder der Ionenstärke. Schließlich wirkt auch die zu verteilende Substanz selbst auf das Verteilungssystem insofern ein, als sie die Löslichkeit der beiden Phasen ineinander verändern kann.

Ein Verteilungssystem ist also ein multivariables System, dessen einzelne Parameter im folgenden getrennt besprochen werden müssen.

Unter der Annahme, daß X eine einheitliche Substanz ist, wird k als *einfacher Verteilungskoeffizient* bezeichnet. Ist X jedoch ein Stoffgemisch aus z.B. X_1 und X_2, so erhält man den *Mischverteilungskoeffizienten* $k_{1,2}$, wenn man zu seiner experimentellen Bestimmung ein Analysenverfahren anwendet, das auf X_1 und X_2 gleichermaßen anspricht (z.B. Trockengewichtsbestimmung). Für m-verschiedene Komponenten des Stoffgemisches ergibt sich der Mischverteilungskoeffizient zu

$$k_m = \frac{[C_1]_\mathrm{I} + [C_2]_\mathrm{I} + [C_3]_\mathrm{I} + \cdots [C_m]_\mathrm{I}}{[C_1]_\mathrm{II} + [C_2]_\mathrm{II} + [C_3]_\mathrm{II} + \cdots [C_m]_\mathrm{II}}. \tag{2}$$

Bestimmt man nur eine Komponente, z.B. X_1, des Stoffgemisches mit einem spezifischen Analysenverfahren, so stimmen der einfache Verteilungskoeffizient der reinen Substanz mit dem Verteilungskoeffizient dieser Substanz als Komponente des Gemisches unter Anwendung des gleichen Verteilungssystems nur dann überein, wenn sich diese Komponenten *unabhängig voneinander verteilen*. Dies ist eine weitere Aussage des NERNSTSchen Verteilungssatzes und eine Voraussetzung für den Trennerfolg durch Gegenstromverteilung.

Das für die Gegenstromverteilung idealste Verhalten zeigen die Komponenten eines Stoffgemisches dann, wenn sie in einem gegebenen Verteilungssystem einen von der Gesamtkonzentration unabhängigen Verteilungskoeffizienten ergeben und sich ohne gegenseitige Beeinflussung verteilen.

2. Kriterium für die Trennbarkeit von X_1 und X_2.

Da das Ziel der Gegenstromverteilung die Substanz*trennung* ist, muß entschieden werden können, ob mit einem gegebenen Verteilungssystem die Komponenten X_1 und X_2 zu trennen sind. Bildet man das Verhältnis der beiden Verteilungskoeffizienten (7) zu

$$\beta = \frac{k_{X_1}}{k_{X_2}}, \tag{3}$$

so ist die Trennung nicht möglich, wenn $\beta = 1$ ist. Bildet man den β-Wert, indem man stets den größeren durch den kleineren k-Wert dividiert, so wird $\beta > 1$, und die Trennung ist um so leichter, je weiter β von 1 abweicht. Diese Berechnung ist nur möglich, wenn X_1 und X_2 entweder schon in reiner Form vorliegen oder wenn für beide jeweils spezifische Analysenverfahren angewendet werden können.

Inwieweit der β-Wert dazu gebraucht werden kann, die Anzahl der zur optimalen Trennung erforderlichen Verteilungsschritte oder das günstigste Volumenverhältnis des Verteilungssystems zu berechnen, wird auf S. 56 erläutert.

3. Dissoziation.

Dissoziiert z.B. eine schwache Säure in der wäßrigen Phase (II) nach

$$AcH \rightleftharpoons Ac^- + H^+ \tag{4}$$

und ist nur AcH in der nichtwäßrigen Phase (I) löslich, so wird die Verteilung von AcH zwischen I und II gemäß

$$k = \frac{[AcH]_I}{[AcH]_{II}} \tag{5}$$

vom Dissoziationsgrad abhängen. Der beobachtete Verteilungskoeffizient

$$k' = \frac{[AcH]_I}{[AcH]_{II} + [Ac^-]_{II}} \tag{6}$$

wird dann kleiner als k sein.

[Ac$^-$], aus

$$K_i = \frac{[H^+]_{II}\,[Ac^-]_{II}}{[AcH]_{II}} \tag{7}$$

abgeleitet, läßt (6) zu

$$k' = \frac{[\text{AcH}]_{\text{I}}}{[\text{AcH}]_{\text{II}} + K_i \dfrac{[\text{AcH}]_{\text{II}}}{[\text{H}^+]_{\text{II}}}} = \frac{k}{\left(1 + \dfrac{K_i}{[\text{H}^+]_{\text{II}}}\right)} \qquad (8)$$

werden (8), (9). Verwendet man einen geeigneten Puffer, so daß $[\text{H}^+]_{\text{II}} \ll K_i$ wird, so vereinfacht sich (8) zu

$$k' = \frac{k[\text{H}^+]_{\text{II}}}{K_i}, \qquad (9)$$

woraus sich durch Logarithmieren ergibt:

$$\log k' = \log k + \log[\text{H}^+]_{\text{II}} - \log K_i = \log k - \text{p}_\text{H} + pK_i. \qquad (10)$$

Der beobachtete Verteilungskoeffizient k' ist so eine einfache Funktion vom p_H.

Trägt man in einem Koordinatensystem den p_H gegen $\log k'$ auf, so erhält man eine Gerade mit der Neigung -1 für schwache Säuren und der Neigung $+1$ für schwache Basen. Dies wurde für eine große Anzahl von Säuren und Basen experimentell bestätigt (10), (11).

Für zweibasische Säuren wird die Neigung zwischen 1 und 2 liegen, wenn $pK_{i_1} \ll \text{p}_\text{H} \gg pK_{i_2}$ ist, wobei K_{i_1} und K_{i_2} die Dissoziationskonstanten der Dissoziationsstufen 1 und 2 bedeuten, und sie wird 2 betragen, wenn $\text{p}_\text{H} \gg pK_{i_2}$ ist, vorausgesetzt, daß keine Assoziation die Verteilung stört (9).

Gl. (10) kann auch zur annähernden Bestimmung der Dissoziationskonstanten verwendet werden. Aus einer größeren Anzahl solcher Bestimmungen ergaben sich nur Abweichungen um jeweils 0,1 bis 0,2 pK_i-Einheiten von den exakten Daten (10), (11).

Aus Gl. (9) folgt, daß der β-Wert (S. 4) zweier schwacher Säuren X_1 und X_2 bei konstantem p_H durch

$$\beta = \frac{k'_{X_1}}{k'_{X_2}} = \frac{k_{X_1}}{k_{X_2}} \cdot \frac{K_{i_{X_2}}}{K_{i_{X_1}}}, \qquad (11)$$

gegeben ist.

Für *schwache Basen* gilt (11), wenn an Stelle von $K_{i_{X_2}}/K_{i_{X_1}}$ der Ausdruck $K_{i_{X_1}}/K_{i_{X_2}}$ eingesetzt wird.

Um im alkalischen Bereich bessere β-Werte zu erhalten, müssen k_{X_1}/k_{X_2} und $K_{i_{X_2}}/K_{i_{X_1}} > 1$ sein. Dies ließ sich ebenfalls experimentell bestätigen (8). [Zur Berechnung der Dissoziation vgl. auch (85).]

4. Assoziation.

Tritt zur Dissoziation in der wäßrigen Phase (II) noch eine Assoziation (85), (87) in der nichtwäßrigen Phase (I):

$$2\,\text{AcH} \rightleftharpoons (\text{AcH})_2, \qquad (12)$$

so wird die Gesamtkonzentration an nicht dissoziierter Säure in der oberen Phase

$$[\text{AcH}] + 2\,[\text{AcH}]_2 \qquad (13)$$

oder

$$[\text{AcH}]\,(1 + 2K_A^2\,[\text{AcH}]),\qquad\qquad(14)$$

wobei K_A die *Assoziationskonstante* und [AcH] die Gesamtkonzentration
an Säure in der oberen Phase bedeuten.

Als k' für eine Verbindung, die in der wäßrigen Phase dissoziiert
und in der nichtwäßrigen Phase assoziiert ist, ergibt sich

$$k' = k\,\frac{(1 + 2K_A^2\,[\text{AcH}])_\text{I}}{\left(1 + \dfrac{k}{[\text{H}^+]}\right)_\text{II}}.\qquad\qquad(15)$$

Der β-Wert für zwei Säuren X_1 und X_2, die sich beide in der nichtwäßrigen Phase dimerisieren, wird bei konstantem p_H:

$$\beta = \frac{k'_{X_1}}{k'_{X_2}} = \frac{k_{X_1}}{k_{X_2}}\cdot\frac{K_{iX_2}}{K_{iX_1}}\cdot\frac{(1 + 2\,K_{A\,X_1}^2[\text{AcH}_1])}{(1 + 2\,K_{A\,X_2}^2[\text{AcH}_2])}.\qquad\qquad(16)$$

Meist spielt die Assoziationskonstante K_A im Verhältnis zu k und K_i
keine große Rolle. Nur wenn

$$\frac{k_{X_1}}{k_{X_2}} > 1,\; \frac{K_{iX_1}}{K_{iX_2}} > 1 \quad \text{und} \quad \frac{K_{AX_1}}{K_{AX_2}} > 1$$

werden, wird sich β vergrößern.

Es sind Beispiele dafür bekannt, daß die Assoziation einer zu verteilenden Substanz mit wachsender Gesamtkonzentration zunimmt.
Hierdurch wird die Trennbarkeit merklich beeinflußt. Solche Fälle
trifft man meist nur dann an, wenn die Assoziation in der oberen Phase
nahezu vollständig ist, d.h. nur wenig Substanz in der monomeren Form
vorliegt.

5. Komplexbildung.

Ebenso wie durch Dissoziation oder Assoziation wird der Verteilungsvorgang auch durch Komplexbildung (*12*) einer oder mehrerer Komponenten des zu trennenden Stoffgemisches mit einer im Verteilungssystem anwesenden und hierzu befähigten Substanz merklich beeinflußt. Zuweilen wird die Komplexbildung angestrebt, um eine Verteilung überhaupt erst zu ermöglichen.

Die theoretischen Ansätze zur Beherrschung dieser Vorgänge ergeben
sich aus folgendem: Wir setzen

$C_\text{I} = [X]_\text{I}$: Molare Konzentration von X in der oberen Phase I.

$C_X = [X]_\text{II} + [XY]_\text{II}$: Molare Gesamtkonzentration von X (frei und gebunden) in der unteren Phase II.

$C_Y = [Y]_\text{II} + [XY]_\text{II}$: Molare Gesamtkonzentration der komplexbildungsfähigen Substanz Y (frei und gebunden) in der unteren Phase II.
Die *Komplexbildungskonstante* ergibt sich dann zu

$$K_K = \frac{[XY]_\text{II}}{[X]_\text{II}\,[Y]_\text{II}}.\qquad\qquad(17)$$

Bei Anwesenheit der komplexbildenden Substanz wird der Verteilungskoeffizient von X zu

$$k' = \frac{[X]_{\mathrm{I}}}{[X]_{\mathrm{II}} + [XY]_{\mathrm{II}}} = \frac{[X]_{\mathrm{I}}}{[X]_{\mathrm{II}} + K_K[X]_{\mathrm{II}}[Y]_{\mathrm{II}}} = \frac{k}{1 + K_K[Y]_{\mathrm{II}}} \left.\begin{matrix} \\ \\ \\ \\ \end{matrix}\right\}$$
$$= \frac{k}{1 + K_K\left(C_Y - C_X + \dfrac{[X]_{\mathrm{I}}}{k}\right)}. \qquad (18)$$

Wenn $C_Y \gg [XY]_{\mathrm{II}}$ oder $[Y]_{\mathrm{II}} \gg [XY]_{\mathrm{II}}$ wird, vereinfacht sich (18) zu:

$$\frac{k}{k'} - 1 = C_Y \cdot K_K. \qquad (19)$$

Wenn das molare Verhältnis der Bindungspartner im Komplex $X:Y = 1:1$ ist und ein Überschuß der komplexbildungsfähigen Substanz vorherrscht, ergibt sich im Koordinatensystem, in das man $k/k' - 1$ als Funktion

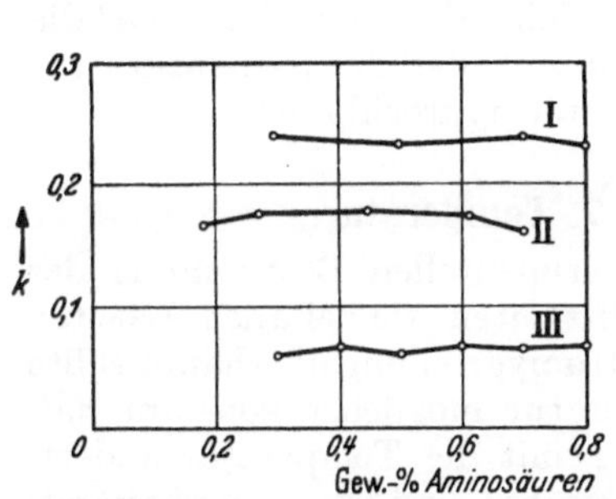

Abb. 2. Konstanz des Verteilungskoeffizienten k mit zunehmender Konzentration. I = L-Leucin, II = D-Leucin und III = L-Valin im Verteilungssystem sec. Butanol (bei I) bzw. iso-Butanol (bei II und III) 30% Ammoniumacetat + 7% Ammoniak in Wasser. Eigene Versuche (13).

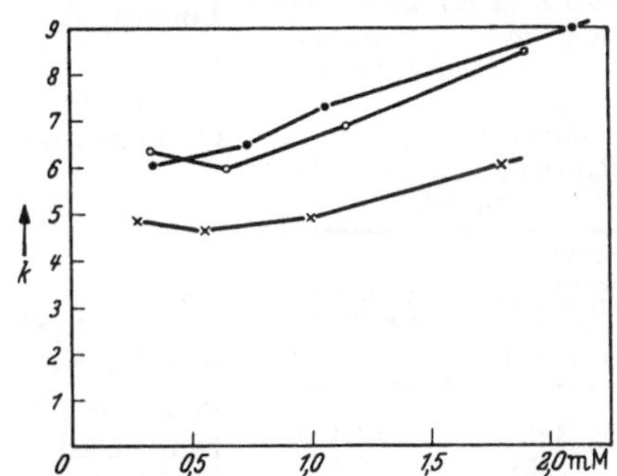

Abb. 3. Änderung des Verteilungskoeffizienten k mit der Konzentration bei der Verteilung von Acetyl-D-Leucin (●—●), Acetyl-D-Isoleucin (o—o) und Acetyl-D-Norleucin (×—×) im System Wasser/Chloroform bei 37° C. Nach SYNGE (14).

von C_Y einträgt, eine Gerade, die durch den Nullpunkt geht. Die Neigung der Geraden entspricht dann K_K. Nimmt K_K mit steigendem C_Y zu, so ist dies ein Zeichen dafür, daß neben einem Komplex mit dem molaren Verhältnis 1:1 der Partner sich noch ein anderer mit dem Verhältnis $X:Y = 1:2$ bildet:

$$X + Y \rightleftharpoons XY$$
$$XY + Y \rightleftharpoons XY_2.$$

Nimmt dagegen K_K mit steigendem C_Y ab, so bildet sich ein Komplex mit dem molaren Verhältnis $X:Y = 2:1$:

$$XY + X = X_2Y.$$

Im Fall, daß die komplexbildende Substanz Y nur in der *oberen* Phase löslich ist, muß

$$\frac{k'}{k} - 1 = C_Y \cdot K_K$$

gesetzt werden. Ist X eine schwache Säure, so ändert sich (19) in

$$\frac{k'}{k} \cdot \left(1 + \frac{K_i}{[\mathrm{H}^+]_{\mathrm{II}}}\right) - 1 = C_Y \cdot K_E, \tag{20}$$

wobei K_i wiederum die Dissoziationskonstante bedeutet.

6. Konzentration.

Daß sich k zuweilen mit der Gesamtkonzentration der zu verteilenden Substanz in einem gewissen Konzentrationsbereich nicht ändert, zeigt als Beispiel die Verteilung von L-Leucin, D-Leucin und L-Valin in Abb. 2. In vielen anderen Fällen ändert sich dagegen k mit steigender Konzentration, indem er entweder größer oder kleiner wird. Abb. 3 zeigt als Beispiel die Zunahme von k mit der Konzentration von Acetyl-D-Leucin, Acetyl-D-Isoleucin und Acetyl-D-Norleucin. Tabelle 1 führt dagegen als Beispiel die Abnahme von k mit der Konzentration für Clupein-methylester-hydrochlorid an.

Tabelle 1. *Veränderung des Verteilungskoeffizienten* k *mit der Konzentration. Verteilung von Clupeinmethylester-hydrochlorid im System 4% Laurinsäure in n-Butanol/4% Natriumacetat in* KOLTHOFF-*Puffer* p_H *6,4.*

mg Clupein-methylester-hydrochlorid in 10 cm³ Phasengemisch 1:1	Verteilungs-koeffizient k
3,8	33,4
7,95	3,44
16,3	1,64
32,2	1,07
64,5	0,44

7. Temperatur.

Bei der experimentellen Bestimmung des Verteilungskoeffizienten wie bei allen Arbeiten mit der Gegenstromverteilung überhaupt sollte man die Temperatur möglichst konstant halten. Daß sich k mit der Temperatur ändert, wurde bereits erwähnt und ist auch verständlich. Denn in einem multivariablen System ändern sich mit der Temperatur nicht nur die Löslichkeiten der beiden flüssigen Phasen ineinander, sondern auch die Löslichkeit der zu verteilenden Substanz in den beiden Phasen. Acetyl-D-Leucin ergibt z.B. mit steigender Temperatur im System Wasser/Chloroform fallende Verteilungskoeffizienten (*14*):

$$\begin{array}{lccc} \text{Temperatur} & 4° & 24° & 37° \\ k & 13,4 & 8,8 & 6,0. \end{array}$$

Die Verteilungskoeffizienten der einzelnen Komponenten des Clupein-methylester-hydrochlorids im System 5% Laurinsäure in n-Butanol/15% Natriumacetat in Wasser steigen dagegen merklich an. Dies zeigt sich deutlich an den bei verschiedenen Temperaturen erhaltenen Verteilungskurven, die Abb. 64 auf S. 71 wiedergibt.

8. Wasserstoffionenkonzentration.

Nach den Ausführungen auf S. 4 müssen alle dissoziablen Substanzen durch Einstellen einer bestimmten Wasserstoffionenkonzentration im Verteilungsmilieu einen charakteristischen Verteilungskoeffizienten zeigen. Dieser ändert sich mit dem p_H des Puffers in der wäßrigen Phase mitunter beträchtlich. Hierfür geben Abb. 4 und 5 an den Beispielen der Verteilungen von Atebrin, Plasmochin und Benzylpenicillin eine

Vorstellung. Atebrin und Plasmochin haben in den Verteilungssystemen der Abb. 4 einen steigenden Gang des k mit steigendem p_H, dagegen

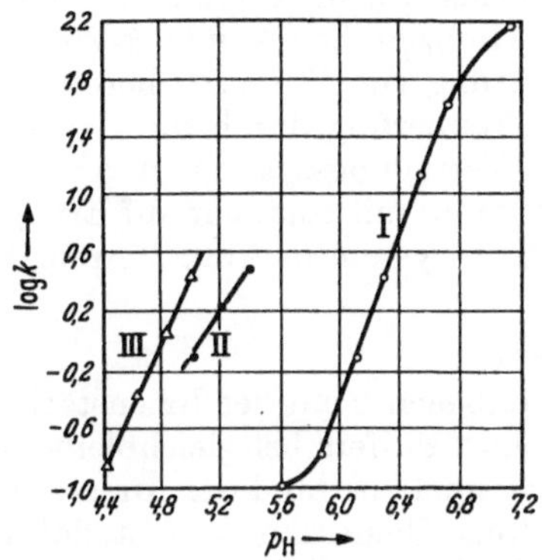

Abb. 4. Zunahme des Verteilungskoeffizienten k mit dem p_H. I = Atebrin in Benzol/Phosphatpuffer. II = Plasmochin in Isopropyläther/Phosphatpuffer. III = Plasmochin in Isopropyläther/Citratpuffer. Nach CRAIG, GOLUMBIC, MIGHTON und TITUS (16).

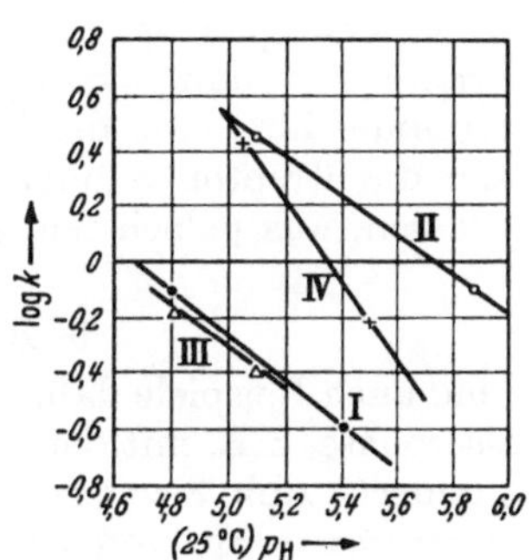

Abb. 5. Abnahme des Verteilungskoeffizienten k mit dem p_H. I = Benzylpenicillin in Äthyläther/2 M. Phosphatpuffer. II = Benzylpenicillin in Äthylacetat/2 M. Phosphatpuffer. III = Benzylpenicillin in 2 M. Phosphatpuffer/Chloroform. IV = Plasmochin in Isopropyläther/2 M. Phosphatpuffer. Nach CRAIG, HOGEBOOM, CARPENTER und DU VIGNEAUD (17).

Benzylpenicillin in den Verteilungssystemen der Abb. 5 einen fallenden Gang von k mit steigendem p_H. Daß durch Wahl eines geeigneten Puffersystems der Verteilungskoeffizient in eine gewünschte Richtung

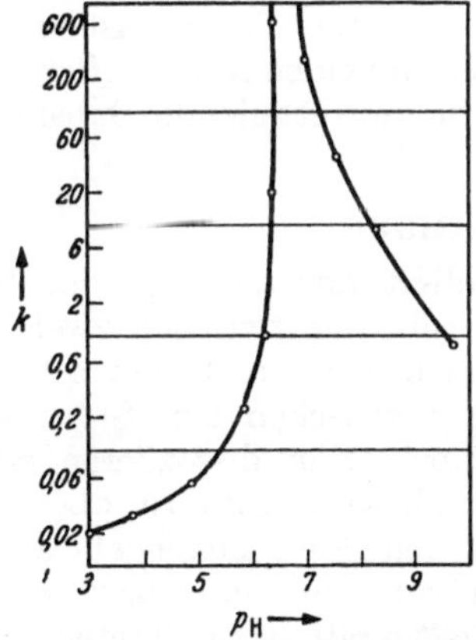

Abb. 6. Änderung des Verteilungskoeffizienten k mit dem p_H. Verteilung von Streptomycin im System 15% Laurinsäure in Amylalkohol/Wasser. Das p_H wurde durch jeweils wenige Tropfen Säure oder Lauge eingestellt. Nach O'KEEFFE, DOLLIVER und STILLER (18).

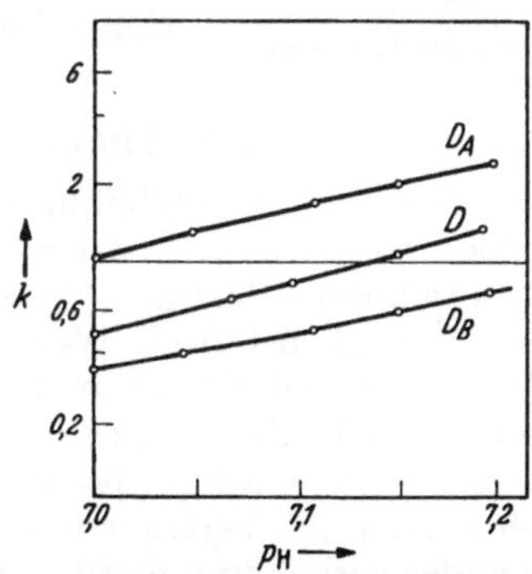

Abb. 7. Änderung des Verteilungskoeffizienten k mit dem p_H. Verteilung von Einzelkomponenten D_A, D und D_B des Streptomycins im System 15% Laurinsäure in Amylalkohol/0,375 M. Boratpuffer und 0,125 M. Phosphatpuffer in Wasser. Nach O'KEEFFE, DOLLIVER und STILLER (18).

gelenkt werden kann, zeigen die Abb. 6 und 7 in sehr schöner Weise. In Abb. 6 ist die Veränderung von k des Streptomycins mit dem p_H im System 15% Laurinsäure in Amylalkohol/Wasser wiedergegeben, wobei das p_H durch Zusatz weniger Tropfen von Säure oder Lauge eingestellt worden war. Wurde dagegen das System 0,375 M. Borat- und 0,125 M. Phosphatpuffer in Wasser gegen 15% Laurinsäure in Amylalkohol angewandt, so ergaben sich nur in engen Grenzen bewegende k-Werte (Abb. 7). Das Beispiel weist auf die Bedeutung von Vorversuchen über das geeignete Verteilungssystem für den Trennerfolg durch die Gegenstromverteilung hin. Mit dem einfachen Verteilungssystem in Abb. 6 hätten sich die Streptomycinkomponenten kaum mit Aussicht auf Erfolg trennen lassen, was jedoch sehr gut mit dem System in Abb. 7 erreicht wurde.

9. Ionenstärke.

Es sind auch Beispiele dafür bekannt, daß sich k mit der Ionenstärke der Wasserphase, z. B. mit der Molarität eines Puffers bei gleichbleibendem p_H ändert. Abb. 8 zeigt ein solches Beispiel an Hand der Änderung von k des Plasmochins. Bemerkenswert ist, daß k ein Minimum durchläuft. Auch Zusatz von Neutralsalzen zu einem Puffergemisch oder zur reinen wäßrigen Phase führt zuweilen zur Änderung von k. So läßt sich k für Acetylaminosäuren im Verteilungssystem Wasser/Chloroform durch Zusatz von Na-Sulfat bedeutend erniedrigen (wäßrige Phase ist hier obere Phase). Eigene Versuche zeigten, daß k von Clupein-methylesterhydrochlorid im System Butanol/Wasser durch Zusatz von Mg-Acetat oder Na-Acetat erhöht wird (wäßrige Phase ist hier untere Phase). In beiden Fällen handelt es sich um einen *Aussalzeffekt* des Neutralsalzes auf die zu verteilende Substanz.

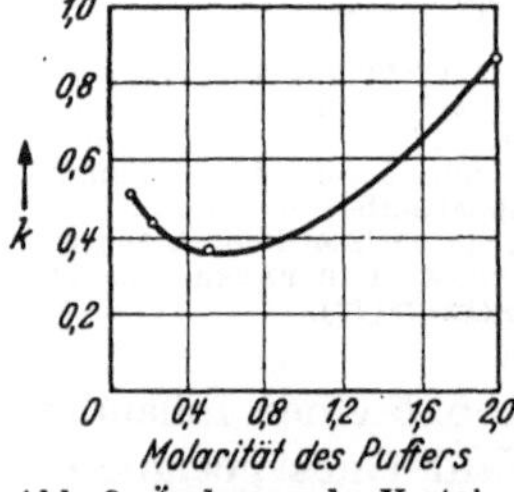

Abb. 8. Änderung des Verteilungskoeffizienten k mit der Konzentration des Puffers bei gleichbleibendem p_H. Verteilung von Plasmochin im System Isopropyläther/Phosphatpuffer p_H 5,00 in Wasser. Nach CRAIG, GOLUMBIC, MIGHTON und TITUS (*16*).

III. Theorie der Verteilung.

Der NERNSTsche Verteilungssatz formuliert nur die experimentell gefundene Konstanz der Verteilung einer Substanz zwischen zwei begrenzt mischbaren flüssigen Phasen. Er setzt in seiner einfachsten Form voraus, daß „konstante" Wechselwirkungen zwischen den Substanzmolekeln und den Solvensmolekeln bestehen. Nun dissoziieren oder assoziieren viele Substanzen in einer der Phasen. Dies ist aber die Resultante von Kräften, die entweder von den Solvensmolekeln allein ausgehen oder im Verein mit diesen auch von den Substanzmolekeln aufeinander wirken und meist „veränderliche" Kräfte sind. Treten noch weitere Stoffe, z. B. mit der Fähigkeit zur Komplexbildung, zur Konstanthaltung eines bestimmten p_H oder ein Neutralsalz hinzu, dann werden die Einzelwirkungen im molekularen Kraftfeldbereich unübersichtlich.

Eine Theorie der Verteilung ist gleichbedeutend einer Theorie der Lösung. Da theoretische Betrachtungen in diesem Zusammenhang hinter den praktischen Bedürfnissen zurückzutreten haben, seien nur einige Tatsachen behandelt, die dazu verhelfen, geeignete Verteilungssysteme für bestimmte zu verteilende Substanzen aufzufinden.

Die Verteilung einer Substanz in einem solchen System ist also die Resultante von Kraftwirkungen zwischen den Solvensmolekeln und den Molekeln der Substanz. So werden atomarer Aufbau, räumliche Struktur und Verteilung der Energiezentren aller im System vorhandener Molekelindividuen am Endeffekt beteiligt sein.

Die vom Verteilungssystem auf die Substanz ausgehenden Wirkungen sind in der Hauptsache in VAN DER WAALSschen Kräften, sowie in der Fähigkeit zur Wasserstoffbindung zu suchen, welch letztere an die Anwesenheit von Protonenacceptoren und -donatoren gebunden ist (*19*). Im System Cyclohexan/Wasser (*20*), in dem eine Substanz einen hohen k-Wert besitzen möge, bestehen zunächst zwischen den Cyclohexanmolekeln ebenso wie zwischen den Wassermolekeln homöopolare Attraktionskräfte, die vielleicht eine ähnliche Feldstärke besitzen. Zwischen den Wassermolekeln bestehen aber noch Wasserstoffbindungen, die dann für den Übergang der Substanz ins Cyclohexan veranwortlich sind.

Die *homöopolaren Attraktionskräfte* können auch spezifisch wirksam sein. Benzol bevorzugt z.B. aromatische gegenüber aliphatischen Substanzen, Cyclohexan umgekehrt aliphatische gegenüber aromatischen. Da beide Solventien aber ähnliche Schmelz- und Siedetemperaturen besitzen, scheint das Ausmaß der VAN DER WAALSschen Kräfte zwar ähnlich, die dreidimensionale Raumverteilung ihrer Kraftfelder jedoch unterschiedlich zu sein. So schließen sich aromatische Molekeln mit ähnlicher Raumanordnung der Kraftzentren näher an Benzolmolekeln, aliphatische näher an Cyclohexanmolekeln an. Benzylalkohol bevorzugt gegenüber Butanol ebenfalls aromatische Verbindungen.

Auch die im Ausmaß viel stärkeren *Wasserstoffbindungen* sind für Verteilungen bedeutsam. Als Beispiele wählen wir die Phasensysteme Phenol/Wasser (A) und Collidin/Wasser (B). Phenol ist ein Protonen-*donator* und Collidin ein Protonen*acceptor*. Wasser ist sowohl Protonendonator als auch -acceptor. Eine zu H-Bindungen befähigte Substanz verhält sich in beiden Verteilungssystemen folgendermaßen: Eine Aminogruppen enthaltende Substanz (Protonenacceptor) wird in B gegenüber A zugunsten der Wasserphase und eine OH-Gruppen enthaltende Verbindung (Protonendonator) dagegen in A gegenüber B zugunsten des Wassers verteilt sein. Die Carboxylgruppe enthält sowohl die protonabgebende OH-Gruppe als auch die protonaufnehmende Carbonylgruppe. Sie verhält sich jedoch, wenn das Ausmaß der Dissoziation es erlaubt, so, als ob der OH-Gruppeneinfluß vorherrsche. Bei schwachen Säuren oder Basen stellt das p_H des Milieus das Ausmaß der Dissoziation ein (vgl. S. 4), so daß durch Veränderung des p_H, Wahl geeigneter Puffermischungen bestimmter Ionenstärke (vgl. S. 10) u. a. die Verteilungskoeffizienten verändert werden können. Besitzen zwei Substanzen verschiedene pK_i-Werte, so sind die Verteilungskoeffizienten k_1 und k_2 eine Funktion des p_H (vgl. S. 5).

Verteilt man *chemisch verwandte* Substanzen oder *Glieder homologer Reihen* (*86*) im gleichen Phasensystem, so lassen sich meist die Verteilungskoeffizienten zueinander in Beziehung setzen. So haben z.B.

α-Aminosäuren mit kleiner Kettenlänge einen kleineren k-Wert als solche mit großer Kettenlänge, wie Abb. 9 erkennen läßt. Das Diagramm gibt gleichzeitig ein weiteres Beispiel für die Änderung von k mit steigender Konzentration an. Dabei fällt auf, daß bis zum Valin (C_5 verzweigt) k mit steigender Konzentration steigt, um von der α-Aminovaleriansäure

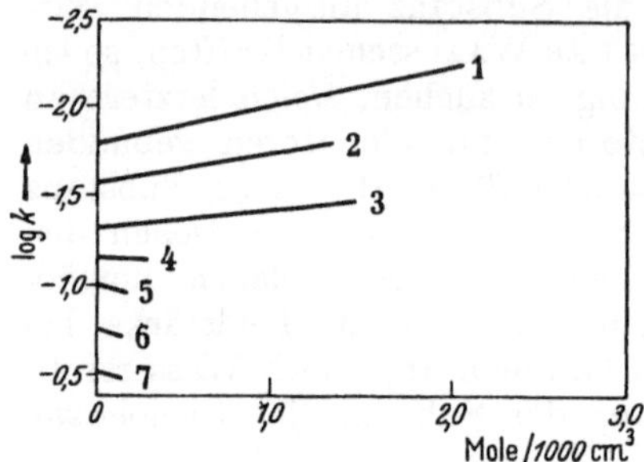

Abb. 9. Verteilungskoeffizienten einiger Aminosäuren im System n-Butanol/Wasser. *1* = Glycin; *2* = Alanin; *3* = α-Aminobuttersäure; *4* = Valin; *5* = α-Amino-n-valeriansäure; *6* = Leucin; *7* = α-Amino-n-capronsäure. Nach ENGLAND und COHN (*21*).

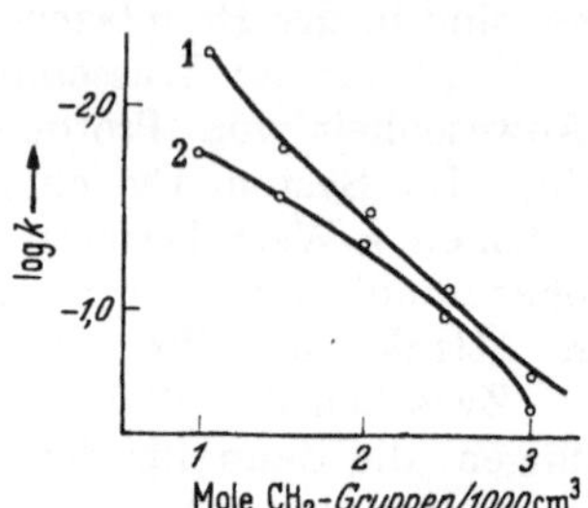

Abb. 10. Vergleich der Verteilungskoeffizienten einiger α-Aminosäuren mit gerader Kette (*1*) und mit verzweigter Kette gleicher Kohlenstoffzahl (*2*) im System n-Butanol/Wasser. Nach ENGLAND und COHN (*21*).

(C_5 unverzweigt) an mit steigender Konzentration zu sinken. Abb. 10 zeigt dann, daß Aminosäuren gleicher C-Zahl mit verzweigter Kette einen kleineren k-Wert haben als solche mit geradkettiger Molekel. Auch sterische Antipoden heterocyclischer Basen (*87*) und aromatischer Amine (*88*) sowohl wie Substitutionsunterschiede [z. B. 5-Oxy- und 6-Oxytetrahydronaphthalin (*89*)] können sich durch verschiedene Verteilungskoeffizienten ausweisen. Schließlich gibt Abb. 11 auch ein Beispiel für die Wirkung der zu verteilenden Substanz auf die Löslichkeit der beiden Phasen des Verteilungssystems ineinander. Glycin und α-Aminobuttersäure vermögen Butanol aus Wasser, in dem es gelöst ist, „auszusalzen".

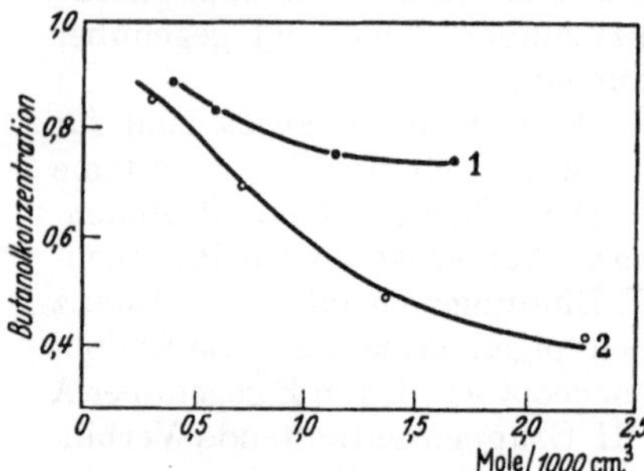

Abb. 11. „Aussalzeffekt" von α-Aminobuttersäure (*1*) und Glycin (*2*) auf die Löslichkeit des Butanols in der wäßrigen Phase. Verteilungssystem: n-Butanol/Wasser. Nach ENGLAND und COHN (*21*).

Dieser Aussalzeffekt ist bei Verbindungen geringer Kettenlänge größer als bei solchen mit längerem Molekelbau und nimmt verständlicherweise mit steigender Konzentration zu.

1. „Carrier".

Liegen höhere Basen oder Säuren mit stark hydrophilen Eigenschaften zur Verteilung vor, so hilft oft die Kombination des beschriebenen *Aussalzens* aus der wäßrigen Phase mit dem *Einsalzen* in die organische. „Carrier" sind organische Verbindungen, die fähig sind, mit funktionellen Gruppen der zu verteilenden Substanz reversibel zu reagieren und gegebenenfalls eine genügende Kettenlänge haben, um im organischen Solvens löslich zu sein und eventuell noch mit der Substanz ein Adduct zu bilden. Hierdurch wird letztere in der organischen Phase löslicher. Diese Definition des Carriers ist ähnlich der eines Reinigungsmittels. So fand sich auch, daß jedes der üblichen Reinigungsmittel als Carrier verwendet werden kann. Für Streptomycin (18) wirken als Carrier: a) Fettsäuren verschiedener Kettenlänge von C_5 bis C_{18}, b) Alkylsulfonsäure (z. B. Dodecylsulfonsäure), c) Alkylschwefelsäuren [z. B. n-Dodecyl-, 2-Alkylhexyl-, 7-Äthyl-2-methyl-undecyl-(4)- und 3,9 Diäthyl-tridecyl-(6)-schwefelsäuren]. Für Actinomycin bewährte sich Harnstoff in der wäßrigen Phase als Lösungsvermittler (22). Zur Verteilung höherer Säuren wurden langkettige Amine verwendet (23). In welcher Weise sich unter vergleichbaren Bedingungen k mit der Kettenlänge, der Struktur und der Molarität des Carriers ändert, zeigt Tabelle 2 am Beispiel der Verteilung von Clupein-methylester-hydrochlorid.

Tabelle 2. *Verteilungssysteme und Verteilungskoeffizienten k von Clupeinmethylesterhydrochlorid (je Verteilungsansatz 10 mg Clupeinderivat in 10 cm³ Phasengemisch 1:1).* Nach RAUEN, STAMM und FELIX (15).

Untere Phase (Wasser) enthaltend	Obere Phase (n-Butanol) enthaltend	Verteilungs-koeffizient k
0,9% Mg-Acetat	0,25-M.Capronsäure	0,01
0,9% Mg-Acetat	0,25-M.Laurinsäure	0,14
0,9% Mg-Acetat	0,25-M.Myristinsäure	0,09
0,9% Mg-Acetat	0,25-M.Palmitinsäure	0,06
0,9% Mg-Acetat	0,25-M.Adipinsäure	0,06
0,9% Mg-Acetat	0,25-M.Korksäure	0,07
0,9% Mg-Acetat	0,25-M.Sebacinsäure	0,18
0,9% Mg-Acetat	0,14-M.Laurinsäure	0,01
0,9% Mg-Acetat	0,20-M.Laurinsäure	0,01
0,9% Mg-Acetat	0,55-M.Laurinsäure	1,9
0,9% Mg-Acetat	0,82-M.Laurinsäure	3,6
0,9% Mg-Acetat	1,10-M.Laurinsäure	13,3

2. Verteilungssysteme.

Die eine Phase der bis jetzt erprobten Verteilungssysteme ist in den meisten Fällen Wasser bzw. eine wäßrige Lösung von Puffermischungen oder Neutralsalzen, die andere Phase ein organisches Lösungsmittel oder -gemisch. Wie oben beschrieben, lassen sich zur Verteilung von Substanzen mit stark hydrophilen Eigenschaften auch höhere Basen oder Säuren zur organischen Phase als „Carrier" zusetzen.

Die organischen Solventien müssen so rein wie möglich und peroxydfrei sein. Doppelte Destillation mit Rektifizierkolonnen genügender Wirksamkeit ist meist nicht zu umgehen. Die Butanole können von Verunreinigungen durch zweistündiges Kochen mit Zinkstaub und starkem Alkali, anschließende Destillation und Redestillation im Vakuum befreit werden.

Beide Phasen dürfen nur begrenzt ineinander löslich sein. Sie werden dadurch abgesättigt, daß man sie unter häufigem Schütteln mehrere

Tabelle 3. *Beispiele für Verteilungssysteme.*

Es werden getrennt	Verteilungssystem	Literatur
Aminosäuren	n-Butanol / Wasser	*(24)*
Aminosäuren	Phenol / 2%ige wäßrige Salzsäure	*(25)*
Aminosäuren	sec. Butanol / wäßrige Lösung von 30% Ammoniumacetat + 7% Ammoniak	*(26)*
Peptide	n-Butanol / 95 cm³ Wasser + 5 cm³ konz. Ammoniak	*(27)*
Peptide	a) sec. Butanol / 10 M. Ammoniumacetat in Wasser b) 2,4-Lutidin / Wasser	*(28)*
Polypeptide	sec. Butanol / 3%ige wäßrige Essigsäure	*(29)*
DNP-Polypeptide	20 cm³ Benzol + 10 cm³ Chloroform + 23 cm³ Methanol / 7 cm³ 0,01 n Salzsäure	*(30)*
Antibiotica Streptomycin	n-Butanol / 5% p-Toluolsulfosäure in Wasser	*(31),(32)*
Streptomycin	15 Liter Amylalkohol + 1980 g Laurinsäure / 15 Liter Wasser + 348 g Borsäure + 267 g sec. Natriumphosphat (Die wäßrige Phase hat ein p_H von 8,75. Beim Mischen beider Phasen wird auf p_H 7,15 eingestellt.)	*(18)*
Streptomycin	n-Amylalkohol + 5% eines C_{18}-Amins / 0,5%ige wäßrige Citronensäure	*(23)*
Penicillin	Äthyläther / 2 M. Phosphatpuffer p_H 4,8	*(17),(33)*
Gramicidin	23 cm³ Methanol + 15 cm³ Chloroform + 15 cm³ Benzol / 70 cm³ Wasser	*(34)*
Tyrocidin	200 cm³ Methanol + 200 cm³ Chloroform / 100 cm³ n/10 wäßrige Salzsäure	*(35)*
Antibioticum von Cephalosporium	25 cm³ Hexan + 8 cm³ Di-isopropyl-äther + 25 cm³ Aceton / 0,5 M. wäßrige Monokalium- phosphatlösung p_H 6,0	*(36)*
Actinomycin C	a) Äthyläther / 5,6%ige wäßrige Salzsäure b) 71 cm³ Methyl-butyl-äther + 29 cm³ Di-butyl- äther / 30%ige wäßrige Harnstofflösung	*(22),(37)*
Protamine	5% Laurinsäure in n-Butanol / 15% Natrium- acetat in Wasser	*(15)*
Insulin DNP-Insulin	sec. Butanol / 1%ige wäßrige Lösung von Dichloressigsäure	*(38)*
Peptische Partial- hydrolysate von adrenocorticotropem Hormon	70 cm³ 2,4,6-Collidin / 110 cm³ Wasser	*(39)*
—	Phenol / Wasser mit verschieden hohen Zusätzen von Äther	*(39a)*
Pyrimidine, Purine	n-Butanol / 1 M. Phosphatpuffer p_H 6,5	*(40)*
Nucleotide	n-Butanol / 1 M. Natriumchlorid + 0,1 M. Phosphatpuffer p_H 7,1	*(41)*
Flavine	n-Butanol / n/50 wäßrige Salzsäure	*(42)*
Pterine	n-Butanol / n/50 wäßrige Salzsäure + 1% Kochsalz	*(43)*

Tabelle 3. (Fortsetzung.)

Es werden getrennt	Verteilungssystem	Literatur
Vitamin B_T	Phenol / wäßrige Lösung von Salzsäure p_H 1,5	(44)
Phosphorsäure-ester	n-Amylalkohol + Zusatz eines langkettigen Amins / wäßrige 0,5%ige Citronensäurelösung	(45)
Polyfructosane	200 cm³ Benzol + 100 cm³ Benzin / 80 cm³ Methanol + 20 cm³ Wasser	(46)
Fettsäuren	Isopropyläther / 2,2 M. Phosphatpuffer p_H 5,17	(47)
Fettsäuren C_5—C_8	Isopropyläther / 1 M. Phosphatpuffer p_H 7,7 Phasenvolumenverhältnis $R = 1,55:1$	(48)
C_8—C_{11}	n-Heptan / 0,5 M. Phosphatpuffer p_H 7,7	(48)
C_{14}—C_{18}	50 cm³ 2,2,4-Trimethylpentan + 25 cm³ Methanol + 25 cm³ Formamid Phasenvolumenverhältnis $R = 1:1,94$	(48)
Höhere Fettsäuren	90 cm³ Heptan / 30 cm³ Formamid + 30 cm³ Methanol + 30 cm³ Eisessig	(49)
Phospholipoide	Leichtpetroleum K_p 40—60° / wäßriges Äthanol	(50)
Lipoid-Material	62 cm³ Tetrachlorkohlenstoff + 35 cm³ Methanol + 3—5 cm³ Wasser	(51)
Gallensäuren	a) sec. Butanol / 3%ige wäßrige Essigsäure b) 2.2,4-Trimethylpentan oder n-Heptan / 97,5%ige wäßrige Essigsäure c) 75 cm³ Isopropyläther + 25 cm³ Heptan / 100 cm³ 10%ige wäßrige Essigsäure	(52)
Natürliche Östrogene	a) Tetrachlorkohlenstoff / wäßrige Lösung von 10—70% Äthanol b) 10—50% Äthylessigester + 90—50% Benzol / wäßrige Lösung von 30—70% Äthanol	(53)
Tocopherol	Isooctan / Methanol	(54)
Antimalariamittel	Cyclohexan / 2 M. Phosphatpuffer p_H 5,33	(10)
Digitalisglycoside	a) 100 cm³ Chloroform + 83 cm³ Äthanol + 100 cm³ Wasser b) 150 cm³ Chloroform + 85 cm³ Äthanol + 150 cm³ Wasser	(55)
Phenole	Cyclohexan / 0,5 M. Phosphatpuffer p_H 10,8—11,0	(9)
Picoline, Toluidine, Chinoline	Chloroform oder Cyclohexan / Citrat-Phosphatpuffer (ohne nähere Angaben)	(56)

Tage, mindestens aber 24 Std, stehen läßt, bzw. mit einem Vibrationsrührer zeitweise durcheinanderwirbelt. Tabelle 3 gibt einige Beispiele für häufiger verwandte Verteilungssysteme und für solche, die charakteristisch sind, wieder. An Hand der in den vorausgegangenen Abschnitten gegebenen theoretischen Betrachtungen, der chemischen Natur der zu verteilenden Stoffe und den in Tabelle 3 niedergelegten seitherigen Erfahrungen mit Verteilungssystemen wird man unschwer das für die eigenen Zwecke geeignete ausfindig machen können. Man kann noch nicht mit Sicherheit voraussagen, ob ein gewähltes System zum Erfolg führen muß, sondern man ist jeweils auf Vorversuche angewiesen.

IV. Experimentelle Bestimmung des Verteilungskoeffizienten und Analyse von Gegenstromverteilungen.

Vorversuche betreffen zunächst das Aufsuchen eines geeigneten Verteilungssystems und dann die Bestimmung des Verteilungskoeffizienten in diesem System und seine Änderung mit p_H, Ionenstärke usw. Zur Analyse bedient man sich des einfachen, durch Abb. 1 wiedergegebenen Verteilungsröhrchens oder kleiner, schliffdichter Schütteltrichter. Man löst etwas von der zu verteilenden Substanz in einer Phase, meist der wäßrigen, gibt das gleiche Volumen der anderen Phase hinzu und durchmischt. Die Art des Durchmischens, ob kräftiges Schütteln oder langsames Umdrehen der Gefäße mit oder ohne Zwischenpausen, ist nach verschiedenen Autoren (*57*) nicht gleichgültig für die Einstellung des Verteilungsgleichgewichtes. Entgegen den Erwartungen führt nicht kräftiges Schütteln, sondern einfaches Umdrehen um die Querachse des Röhrchens zum schnellen Substanzaustausch zwischen den beiden Phasen. Noch besser ist schnelles Umdrehen der Röhrchen mit jeweiligen Zwischenpausen.

Auch die *Anzahl der Umschüttelungen* ist zur Einstellung des Verteilungsgleichgewichtes nicht für alle Substanzen gleich. Man ermittelt sie (*58*), indem man eine bestimmte Menge der zu verteilenden Substanz in der Phase I löst und das gleiche Volumen der Phase II so hinzugibt, daß sich beide Phasen zunächst nicht durchmischen. Dann schüttelt man mehrere gleichartige Ansätze jeweils verschiedene Male um und bestimmt die Menge der Substanz in beiden Phasen. Das gleiche Verfahren wiederholt man, indem man die Substanz in der Phase II löst und Phase I vorsichtig dazugibt. Trägt man in einem Koordinatensystem die Substanzmengen in den beiden Phasen gegen die Anzahl der Umschüttelungen auf, so erhält man zwei Kurven, die sich in einem Berührungspunkt vereinigen. Die Abszisse gibt dann die zum Austausch eben notwendige Anzahl der Umschüttelungen wieder. Zur Sicherheit wird man jedoch etwa die doppelte Anzahl von Umschüttelungen wählen.

In den Abb. 12 und 13 sind zwei Beispiele für solche Bestimmungen wiedergegeben. Das erste zeigt, daß zum vollständigen Austausch, d.h. bis zur Einstellung des Verteilungsgleichgewichtes von DL-Alanin (I) bzw. L-Serin (II) nur fünf Umschüttelungen notwendig sind. Etwa gleich schnell stellt sich das Gleichgewicht bei der Verteilung von Clupeinmethylester-hydrochlorid im System sec. Butanol/7% Ammoniak + 30% Ammoniumacetat in Wasser ein. Dagegen zeigt das zweite Beispiel, daß zum Einstellen des Gleichgewichtes bei der Verteilung von Benzylpenicillin zwischen 20 bis 50 Umschüttelungen notwendig sind. Die *Verteilungsgeschwindigkeit* der meisten anderen Verbindungen dürfte innerhalb dieser beiden Grenzen liegen, und man kommt im allgemeinen mit 30 bis 35 Umschüttelungen aus. Das Ergebnis dieser Vorversuche dient zum Festlegen der Anzahl der Umschüttelungen.

Vorversuche mit Verteilungsröhrchen oder Schütteltrichtern geben auch Auskunft über die zum völligen Entmischen der beiden Phasen erforderliche Zeit. Dies zu beobachten ist im Hinblick auf die später zu beschreibenden Verteilungsapparaturen aus Metall notwendig, in denen die beendete Phasentrennung nicht leicht festgestellt werden kann. Meist trennen sich Phasengemische mit rein wäßriger Phase sehr langsam. Ganz geringe Mengen Neutralsalz — oft genügen nur einige Körnchen Zusatz zum sich träge entmischenden System — führen

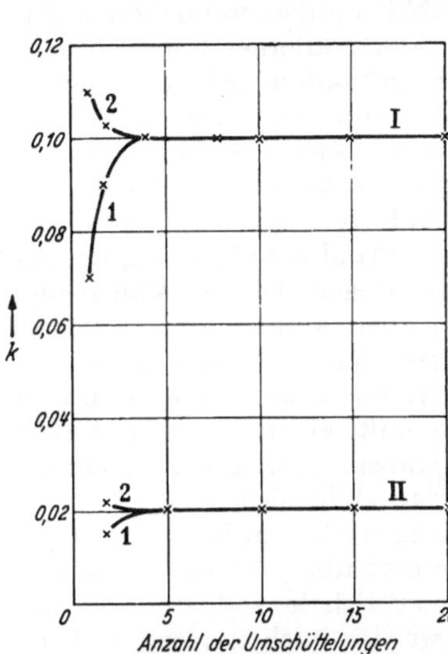

Abb. 12. Anzahl von Umschüttelungen bis zum vollständigen Verteilungsgleichgewicht im System sec. Butanol (D, L-Alanin) (*I*) bzw. Isobutanol (L-Serin) (*II*) als obere und wäßrige Lösung von 30% Ammoniumacetat + 7% Ammoniak als untere Phase. *1* = untere und *2* = obere Phase. Nach FELIX, RAUEN, STAMM und ZIMMER (59).

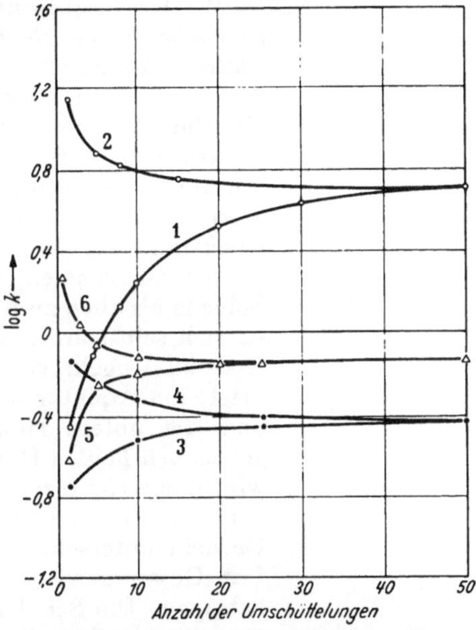

Abb. 13. Anzahl von Umschüttelungen bis zum vollständigen Verteilungsgleichgewicht. Kurven *1* und *2*: Benzylpenicillin in Äthyläther/3 M. Phosphatpuffer pH 4,60. Kurven *3* und *4*: p-Oxybenzylpenicillin in Äthyläther/3 M. Phosphatpuffer pH 4,9. Kurven *5* und *6*: Benzylpenicillin in Äthyläther/ 2 M. Phosphatpuffer pH 4,86. Nach BARRY, SATO und CRAIG (58).

fast immer zur sofortigen Entmischung. Verwendet man Puffermischungen oder Neutralsalzlösungen als wäßrige Phase, dann trennen sich die beiden Phasen meist in 2 bis 4 min, vorausgesetzt, daß die zu verteilende Substanz keine ausgesprochene Emulgierwirkung besitzt. In solchen Fällen muß man das Phasengemisch zentrifugieren, eine Manipulation, die eine vielstufige Gegenstromverteilung mitunter zu einem zeitraubenden und mühseligen Verfahren werden läßt. Vorversuche über geeignete Entmischungsbeschleunigungen verhindern unnötige Zeitverluste.

Nach gutem Absitzen der beiden Phasen entnimmt man dem Schüttelgefäß geeignete Volumina und analysiert die darin enthaltenen Substanzmengen. Hierzu wählt man ein entsprechendes gravimetrisches, kolorimetrisches, photometrisches oder sonstiges Verfahren.

Kommt es darauf an, bei Gegenstromverteilungen den Gesamtinhalt der einzelnen Röhrchen zu bestimmen, so muß man sowohl obere als

auch untere Phase analysieren und die jeweils zusammengehörenden
Werte addieren. Zuweilen kann man die Hälfte der Einzelanalysen
dadurch sparen, daß man entweder die in der oberen Phase befindliche
Substanz durch Ansäuern oder Alkalisieren der unteren Phase und er-
neutes Durchmischen hinunterzieht oder umgekehrt in die obere Phase
hinauftreibt. Zur Analyse verwendet man dann aliquote
Anteile der unteren oder oberen Phase.

Wir beschreiben hier nur eine routinemäßige *gravi-
metrische Substanzbestimmung (60)*. Sie kann für die
wäßrige Phase nicht gewählt werden, wenn diese nicht-
flüchtige Neutralsalze oder Puffergemische enthält.
Manche Phasensysteme enthalten jedoch flüchtige
Neutralsalze, z.B. Ammoniumacetat. Dieses kann im
Vakuum zusammen mit dem Lösungswasser leicht ab-
getrieben werden, wobei die verteilte Substanz als
Rückstand verbleibt. Abb. 14 zeigt ein Gestell mit
dünnen Glasschalen, die sowohl zum Verdampfen des
Solvens als auch zum Auswiegen dienen. Man fertigt
sie sich selbst an, indem man Ampullen aus weichem
Glas zu Kugeln von etwa 3,3 cm Durchmesser aus-
bläst, am Äquator mit einem Glasdiamanten anritzt
und die untere Hälfte mit einem halbkreisförmig
gebogenen heißen Draht absprengt. Der Schalenrand
wird umgeschmolzen. Man stellt sich soviele Schalen
her, daß man eine Auswahl solcher treffen kann, deren
Gewichtsunterschiede innerhalb ± 50 mg schwanken.
Das Gesamtgewicht einer Schale soll etwa 500 mg
betragen. Die Schalen werden nach steigendem Leer-
gewicht auf dem Drahtgestell (Abb. 14) angeordnet.
Dieses fertigt man durch Umwickeln eines Glasrohres
von 3 cm Außendurchmesser mit Kupferdraht an. Am
oberen Drahthalter ist noch eine kleine Pinzette an-
gehängt, mit der die Schalen angefaßt werden sollen.

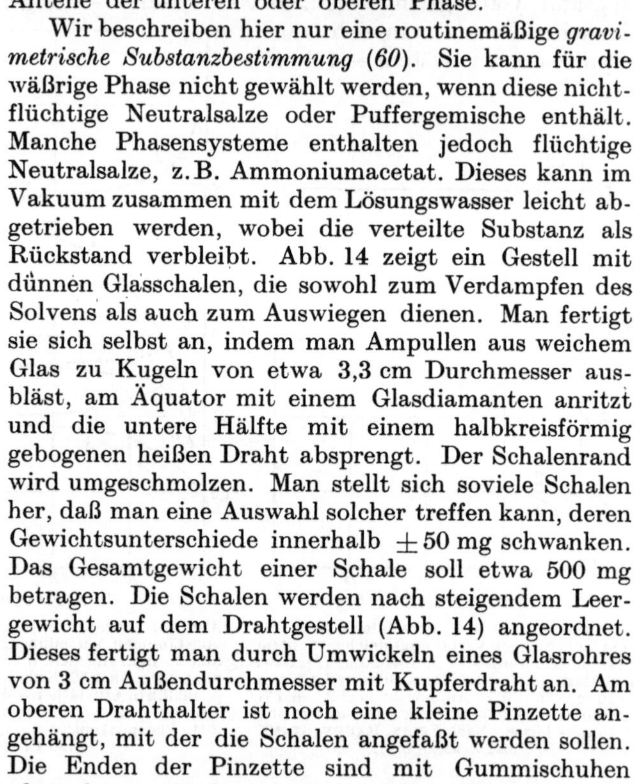
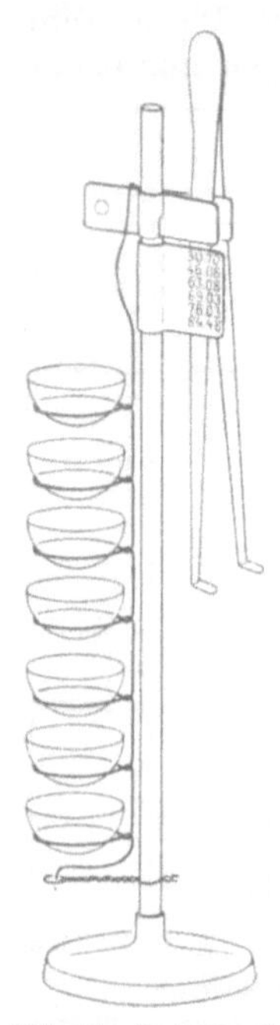

Abb. 14. Gestell mit
Glasschalen zur rou-
tinemäßigen Trocken-
gewichtsbestimmung.
Vgl.Text. Nach Craig
Hausmann, Ahrens
und Harfenist (60).

Die Enden der Pinzette sind mit Gummischuhen
versehen. Als Verdampfer verwendet man ein kleines Dampfbad auf
einer elektrischen Heizplatte. Der Deckel des Dampfbades, aus nichtrostendem Stahl, enthält vier Löcher von 3 cm Durchmesser zum
Aufsetzen der Glasschalen, sowie einen Rückflußkühler. 2 cm über
jeder Glasschale befindet sich ein Glasrohr von 10 mm Innendurch-
messer, durch das ein Luftstrom auf den Glasschaleninhalt geblasen
wird. Die Luft wird durch ein Wattefilter entstaubt. Die oberste Schale
der Serie dient als Kontrolle. Wenn das Solvens selbst meßbare Mengen
von Trockensubstanz enthält, muß eine aliquote Menge des reinen Solvens
jeweils mitbestimmt werden. Dies ist auch erforderlich, wenn lediglich
die alkoholische Phase analysiert wird und die wäßrige Phase Neutralsalz oder Puffermischungen enthält. Oft werden geringe Mengen von
Festsubstanz in die nichtwäßrige Phase mitgerissen. Jede Gewichtsbestimmung mit den unter der Leergewichtsschale befindlichen Glas-

schalen kann sofort beim Auswiegen korrigiert werden. Aliquote Anteile
der Solventien, meist zwischen 1,0 und 3,0 cm³, werden dann in die
folgenden Schalen gegeben, nachdem diese auf das Dampfbad gesetzt
wurden. Zum Abpipettieren kann man eine geeignete Injektionsspritze
(Tuberkulinspritze) verwenden. Der Luftstrom soll die Flüssigkeits-
oberfläche leicht bewegen. Wäßrige Lösungen benötigen meist 2 bis
3 min Verdampfungszeit pro cm³ bei 100° C. Höhere oder tiefere Temperaturen erreicht man durch Ersatz des Wassers mit geeigneten Bad-
flüssigkeiten. Während der zur Verdampfung der ersten Serie notwendigen Zeit können die folgenden Serien vorbereitet werden. Sobald die
Lösungen verdampft sind, wird die Schale entfernt, außen mit Baum-

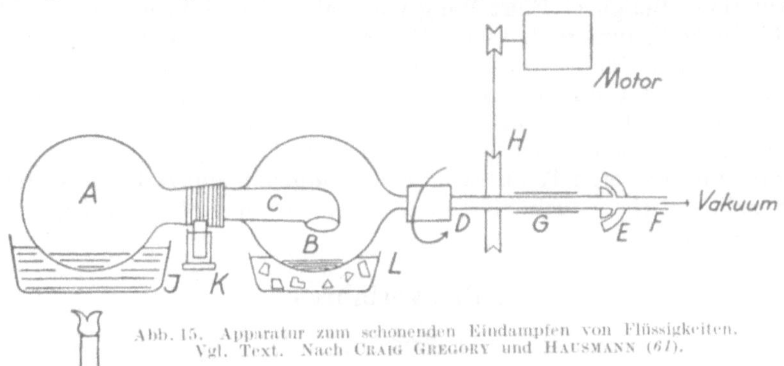

Abb. 15. Apparatur zum schonenden Eindampfen von Flüssigkeiten.
Vgl. Text. Nach Craig Gregory und Hausmann (61).

wollgaze abgetrocknet und auf ihren Ring im Gestell gesetzt. Nachdem
alle Schalen so behandelt wurden, wird das Drahtgestell mit seinen
Schalen in ein großes Glasrohr eingesetzt, das am oberen Ende mit einem
Gummikragen versehen ist. Das Glasrohr mit Inhalt setzt man in ein
Dampfbad und verschließt es mit einem Gummistopfen, der in seiner
Durchbohrung ein dünnes Glasrohr enthält. Dieses verbindet man durch
einen Gummischlauch mit einer Hochvakuumölpumpe. So werden alle
Glasschalen bei 100° C und 0,2 mm Hg meist 5 min nachgetrocknet.
Die Schalen werden dann auf einer Halbmikrowaage mit ±0,01 mg
Genauigkeit gewogen.

Zum schonenden Abdampfen hitzeempfindlicher Substanzen oder
größerer Mengen aus mehreren Verteilungseinheiten zusammengefaßter
Phasen zum Zwecke der präparativen Substanzdarstellung empfiehlt
sich die durch Abb. 15 wiedergegebene Apparatur (61). Sie läßt sich
aus den im Laboratorium befindlichen Einzelteilen zusammenstellen.
Die einzudampfende Lösung im Rundkolben A ist mit einer Vorlage B
durch einen Normalschliff 29 verbunden. B muß mindestens das gleiche
Volumen wie A fassen. Das Einleitungsrohr C muß die gleiche Weite
wie der Schliff haben. Gegenüber von C ist B zu einem etwa 7 cm langen
Ansatz ausgezogen, an dem mit einem Stück Vakuumschlauch Glas an
Glas das gleichweite Rohr D angesetzt ist. Durch den Kugelschliff E
(Schott und Gen.) ist D mit dem feststehenden Rohr F verbunden, das
über einen Dreiweghahn an die Vakuumleitung angeschlossen wird. Als

Lager für D dient ein Korkbohrer G. Er wird ebenso wie F am Stativ festgeklammert. Auf D ist eine Schnurscheibe befestigt, die von einem Elektromotor mit Reduktionsgetriebe angetrieben wird, so daß die gesamte Apparatur langsam rotiert. A läuft auf zwei kleinen, mit Gummi bezogenen Rädern K als Lager. Schliff E wird mit einem zähen Fett geschmiert. Die Umdrehungsgeschwindigkeit wird so eingestellt, daß die Oberfläche nicht zu stark aufgewirbelt wird. B dient als Kühler. Er kann durch Eintauchen in Schale L mit Eiswasser gekühlt, A durch das Wasserbad J erwärmt werden. Wenn sich A langsam dreht, wird ständig ein Flüssigkeitsfilm an der Glaswand hochgezogen, und die Flüssigkeit verdampft rasch und ohne Sieden, wie bei der Molekulardestillation. Bei guter Einstellung von Vakuum und Temperatur stößt die Flüssigkeit kaum, so daß sogar Salzlösungen zur Trockne eingedampft werden können. Siedecapillaren oder Siedesteinchen sind unnötig. Zersetzliche Substanzen können eingedampft werden, wenn man Überhitzen der Trockensubstanz vermeidet, und zwar durch Drosselung der Temperatur in J in demselben Maß, wie sich die Lösung in A vermindert. Will man bei niederen Temperaturen eindampfen, kann B durch Aceton-Kohlendioxydschnee gekühlt und die Apparatur mit einer Ölpumpe evakuiert werden.

V. Das Verfahren.

1. Prinzip.

An einem einfachen Zahlenbeispiel erläutern wir das Prinzip der Gegenstromverteilung. Nach Abb. 16 besteht die einfachste Anordnung zur Gegenstromverteilung aus neun Verteilungsröhrchen mit eingeschliffenen Glasstopfen, die von 0 bis 8 signiert und mit jeweils gleichen Volumina unterer Phase beschickt werden. Gefäß 0 enthält außerdem 1,000 g Substanz X in der unteren Phase gelöst und das gleiche Volumen oberer Phase. Zur Vereinfachung setzen wir fest, daß X im gewählten Zweiphasensystem einen Verteilungskoeffizienten von $k = 1$ besitzt. Nach genügendem Umschütteln und Entmischen sind in dem Gefäß 0 dann in oberer und unterer Phase je 0,500 g X enthalten. Überführen wir nun die obere Phase von Gefäß 0 mit 0,500 g X nach Gefäß 1 mit Hilfe einer geeigneten Übersaugvorrichtung, geben in Gefäß 0 zur verbliebenen unteren Phase mit 0,500 g X die gleiche Menge frischer oberer Phase hinzu und schütteln beide Gefäße genügend um, so verteilen sich die jeweiligen 0,500 g in beiden Gefäßen hälftig zwischen oberer und unterer Phase. Nunmehr überführen wir 0,250 g X mit der oberen Phase des Gefäßes 1 in Gefäß 2. Zu den mit der unteren Phase in Gefäß 1 verbliebenen 0,250 g X kommen dann mit der oberen Phase aus Gefäß 0 weitere 0,250 g X, so daß insgesamt 0,500 g X in Gefäß 1 enthalten sind. In Gefäß 0 verbleiben 0,250 g X, in welches nun wieder das gleiche Volumen frischer oberer Phase gegeben wird. Werden nun die drei Gefäße genügend umgeschüttelt, so verteilen sich die in jedem Gefäß enthaltenen Gesamtmengen von X jeweils hälftig zwischen beiden Phasen. Mit der oberen Phase aus Gefäß 2 werden dann 0,125 g X in

Gefäß 3 übergeführt. Gefäß 2 erhält zu den verbliebenen 0,125 g weitere 0,250 g mit der oberen Phase aus Gefäß 1. Dann verbleiben in letzterem noch 0,250 g, wozu mit der oberen Phase aus Gefäß 0 noch 0,125 g hinzukommen. In Gefäß 0 verbleiben noch 0,125 g in der unteren Phase. Letzteres erhält wieder frische obere Phase, und man fährt mit Umschütteln, Absitzenlassen, Überführen der oberen Phase usw. fort.

Wenn sich die Verteilung über die ganze Gefäßreihe erstreckt hat, wird die eingegebene Substanz X über die neun Gefäße gemäß den Zahlen der Waagrechten 8 in Abb. 16 verteilt. An Hand der Tabelle kann der Fortgang der Verteilung im einzelnen verfolgt werden. Tragen wir nun in einem Koordinatensystem auf der Abszisse die Nummern der Gefäße und auf der Ordinate die darin enthaltenen Gesamtmengen an Substanz auf, so ergibt sich die gleichschenklige Kurve b in Abb. 16 mit einem Maximum über 4. Würde in dem gleichen Verteilungssystem die Substanz X den Verteilungskoeffizienten $k = 0,33$ haben, so erhielten wir die nichtgleichschenklige Kurve a mit einem Maximum etwa über 2 und bei

	0	1	2	3	4	5	6	7	8
0	1,000								
1	0,500	0,500							
2	0,250	0,500	0,250						
3	0,125	0,375	0,375	0,125					
4	0,062	0,250	0,375	0,250	0,062				
5	0,031	0,156	0,313	0,313	0,156	0,031			
6	0,015	0,093	0,234	0,313	0,234	0,093	0,015		
7	0,008	0,054	0,164	0,274	0,274	0,164	0,054	0,008	
8	0,004	0,031	0,109	0,219	0,274	0,219	0,109	0,031	0,004

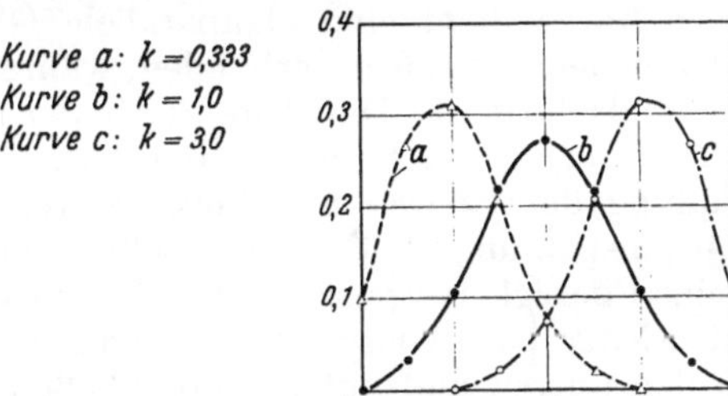

Abb. 16. Schema zur Erläuterung des Prinzips der Gegenstromverteilung.

Annahme von $k = 3,0$ ergäbe sich die ebenfalls nichtgleichschenklige Kurve c mit dem Maximum etwa über 6.

Ist X ein Stoffgemisch, bestehend aus zwei Substanzen X_1 mit $k = 0,33$ und X_2 mit $k = 3,0$, so muß unter der Voraussetzung, daß sich beide unabhängig voneinander verteilen, eine zweigipflige Kurve erhalten werden, die sich aus Addition der Kurven a und c ergibt. Da, wie leicht einzusehen, die Lage des Maximums einer Verteilungskurve eine Funktion des Verteilungskoeffizienten ist, kann eben dieses Kurvenmaximum als ein Charakteristikum für die betreffende Substanz angesehen werden.

2. Apparaturen zur diskontinuierlichen Gegenstromverteilung.

In der soeben beschriebenen Batterie von Verteilungsröhrchen, die als einfachste Anordnung zur Gegenstromverteilung anzusehen ist, wandern die oberen Phasen diskontinuierlich von links nach rechts,

während die unteren Phasen in ihren Gefäßen verbleiben. Verwenden
wir an Stelle dieser Anordnung eine Reihe von Schütteltrichtern, so
läßt man nach beendeter Verteilung und Entmischung die unteren
Phasen in Bechergläsern ab und entleert diese in die jeweils rechts davon
befindlichen Schütteltrichter. Hier wandern also die unteren Phasen
von links nach rechts.

Hat man nach Vorversuchen ein geeignetes Lösungsmittelpaar gefunden und den Verteilungskoeffizienten, der im Falle der Vorlage eines
Stoffgemisches der Koeffizient einer Mischverteilung ist, bestimmt, so
empfiehlt sich, einen weiteren Vorversuch mit 8 bis 10 Verteilungen im
besprochenen Sinne mit Verteilungsröhrchen oder Schütteltrichtern vorzunehmen. Das Ergebnis der Verteilung zeigt meist an, mit welcher
der im folgenden beschriebenen Verteilungsanordnungen und mit welcher
Anzahl von Verteilungsschritten der Prozeß durchgeführt werden muß.

a) Metallapparaturen nach Craig.

Abb. 17 zeigt eine Apparatur aus nichtrostendem Stahl amerikanischer Konstruktion (62). Sie besteht im wesentlichen aus zwei Trommeln, die um eine Achse zentriert in einem geeigneten Gestell übereinander sitzen. Die Röhren sind in Platten aus dem gleichen Material
eingelassen; letztere sind vollkommen plan geschliffen. Als Abschluß
nach unten dient eine planparallele Glasplatte. Die untere Trommel
ist mit der Achse fest verbunden, während die obere Trommel um diese
Achse drehbar ist. Die obere Platte der unteren Trommel und die untere
Platte der oberen Trommel sind derart aufeinander geschliffen, daß bei
Füllung der Röhren mit Flüssigkeiten auch von sehr geringer Oberflächenspannung (z.B. Äther) selbst beim Drehen der oberen Trommel
keine Flüssigkeit verlorengeht. Auf die obere Platte der oberen Trommel
ist wieder eine Glasplatte flüssigkeitsdicht aufgeschliffen. Gegen die
beiden oberen und unteren abschließenden Glasplatten werden Leichtmetallscheiben gepreßt, die in gleichem Abstand wie die Röhrchen durchbohrt sind. Auf diese Weise kann man bei scharfer Beleuchtung von
unten beobachten, wann sich die Röhrcheninhalte völlig entmischt
haben.

Die hier wiedergegebene Apparatur enthält 55 Röhrchen mit je 8 cm³
Fassungsvermögen der unteren und 16 cm³ der oberen Phase. Die gebräuchlichste Form dieses Apparates ist jedoch die mit 25 Röhrchen der
gleichen Ausmaße. Die Röhrchen der unteren Trommel sind im Uhrzeigersinne und diejenigen der oberen Trommel im entgegengesetzten
Sinne von 0 an aufwärts numeriert[1].

Arbeitsweise. Aus der Beschreibung ergibt sich das Arbeitsprinzip.
Die Röhrchen aus Metall entsprechen den Verteilungsröhrchen aus Glas.
Man füllt zunächst bei abgenommener oberer Trommel alle Röhren der
unteren Trommel bis zum Rande mit der unteren Phase. Dann setzt

---

[1] Die Metallapparatur in verschiedenen Ausführungsformen wird in Amerika
von H. O. Post, 6822—60the Road, Maspeth, New York, N.Y., und die Apparatur
mit 25 Röhrchen in Deutschland von der Zentralwerkstatt der Max Planck-Gesellschaft, Göttingen, Bunsenstraße 10, hergestellt.

man die obere Trommel auf (Rohr 0 oben über Röhrchen 0 unten) und füllt alle Röhrchen bis auf Rohr 0 mit oberer Phase. Nun gibt man in Rohr 0 die obere Phase, in der man vorher die zu verteilende Substanz gelöst hat. Dies empfiehlt sich besonders, wenn der Verteilungskoeffizient des Stoffgemisches größer als 1 und somit die Löslichkeit in der oberen Phase größer ist. Ist der Verteilungskoeffizient jedoch kleiner als 1, dann füllt man zunächst alle Röhrchen der unteren Trommel bis auf Rohr 0 mit unterer Phase, gibt in letzteres das in unterer Phase gelöste Stoffgemisch, setzt die obere Trommel auf und füllt alle oberen Röhrchen mit der oberen Phase. Nunmehr verschließt man die Trommel mit Glasplatte, Abschlußdeckel, Feder und Verschlußgewinde, welches die beiden Trommeln fest aufeinander preßt. Dreht man nun den Trommelkörper um die horizontale Achse, so entspricht dies dem Umschütteln der Pyrexgläser. Die beiden Phasen aller Röhrchen werden durchmischt. Die notwendige Anzahl der Umdrehungen wurde im Vorversuch ermittelt, ebenso die zum vollständigen Entmischen beider Phasen erforder-

Abb. 17. Gegenstromverteilungsapparatur aus nichtrostendem Stahl. Nach Craig.

liche Zeit. Außerdem erlauben, wie erwähnt, die abschließenden durchsichtigen Glasplatten das Entmischen zu kontrollieren. Dies ist zuweilen notwendig, da viele Stoffgemische eine emulgierende Wirkung zeigen. In den Röhrchen mit größeren Substanzmengen brauchen die Phasen bis zur völligen Entmischung oft mehr Zeit.

Nun wird die obere Spannscheibe gelöst und die obere Trommel um ein Rohr im Uhrzeigersinne weitergedreht. Damit überführt man sämtliche oberen Phasen auf die nächsten unteren. Man ersetzt also mit einer Trommeldrehung das umständliche Übersaugen der oberen Phasen von einem Verteilungsröhrchen in das andere beim Vorversuch. Nach neuerlichem Verteilen durch Drehen um die horizontale Achse und Absitzen dreht man die obere Trommel um die vertikale Achse wieder um ein Rohr weiter, usw. Mit einer 25 Rohr-Apparatur dauert die gesamte Verteilung etwa $2^1/_2$ Std, während zu einem entsprechenden Arbeitsgang mit den Verteilungsröhrchen aus Glas, abgesehen von den mit dem ständigen Übersaugen verbundenen Ungenauigkeiten, 1 bis 2 Tage nicht ganz ausreichen würden.

Nach vollständiger Verteilung werden die beiden Phasen herauspipettiert, in Reagensgläsern oder Kölbchen aufbewahrt und mit einem geeigneten Verfahren, das für die Komponenten des Stoffgemisches spezifisch ist, analysiert (s. S. 16). Wird während der Verteilung durch Aussalzwirkung oder Einsalzwirkung der zu verteilenden Substanz die Löslichkeit der beiden Phasen ineinander etwas verändert, wodurch der Meniscus der unteren Phase nicht mehr ganz mit dem Trommelabschluß übereinstimmt, so wird bei Trommeldrehung stets entweder ein wenig obere Phase zurückgelassen oder ein wenig untere Phase mitgeführt. Bei geringen Aussalzeffekten fällt diese Ungenauigkeit nicht ins Gewicht. Wie statistisch leicht zu berechnen, darf der Phasenunterschied bis zu 10 % betragen, bei einer Rohrfüllung von 8 cm^3 unterer und oberer Phase also bis zu 0,8 cm^3. Ist der Aussalzeffekt beträchtlich, so muß man die Menge der zu verteilenden Substanz verringern.

Während man bei den Verteilungsröhrchen aus Glas die Phasenvolumina beliebig wählen kann, ist man bei der Verteilungsapparatur an die durch das Volumen der unteren Röhren gegebene Phasenmenge starr gebunden, denn der Meniscus der unteren Phase muß mit der oberen Platte der unteren Trommel übereinstimmen. Fügt man jedoch vor Beschicken der Apparatur in sämtliche unteren Röhrchen Glasstäbe von gleichem Volumen ein, so läßt sich auch das untere Phasenvolumen verändern. Glaskugeln sind nicht geeignet, da sie beim Verteilen leicht an den Innenwandungen der oberen Röhrchen haften bleiben.

Pflege der Metallapparatur. Die empfindlichsten Stellen der Apparatur sind die plangeschliffenen Flächen. Erfahrungsgemäß führen schon kaum sichtbare Kratzer zu Undichtigkeiten. CRAIG gibt daher zur schonenden Behandlung der Apparatur eine genaue Vorschrift. Die Einzelteile dürfen nur auf Platten von weichem, glattem Holz gelegt werden. Die Röhrchen werden mit einer Putzlösung gereinigt, die keine festen Bestandteile enthält. Beim Ausbürsten, falls erforderlich, ist darauf zu achten, daß sich die Metallteile der Bürste und der Röhrchen nicht berühren. Die geschliffenen Flächen werden nach dem Abspülen mit sauberen Fingerspitzen abgetrocknet, wobei diese mit einem nicht fasernden sauberen Handtuch öfters abzuwischen sind. Sollten trotz sorgfältiger Pflege feinste Kratzer entstehen, so hilft oft ein kräftiges Polieren mit einem weichen trockenen Fensterleder. Führt auch dieses nicht zum Ziel, so muß nachgeschliffen werden. Hierzu verwendet man feinsten Schmiergel, der in Diäthylenglycol-monomethyläther aufgeschwemmt wird.

Die Hauptnachteile der Metallapparatur sind:

a) Feste Anzahl der Verteilungsröhrchen,

b) starres Volumen der unteren Phasen und geringe Variabilität der oberen Phasenvolumen,

c) der Verteilungsvorgang ist nicht zu beobachten. Phasenverschiebungen können nicht und Emulsionsbildung nur schwer erkannt werden,

d) Empfindlichkeit der geschliffenen Teile.

Einige dieser Nachteile umgeht CRAIG mit einer Apparatur aus Glas.

b) Glasapparaturen nach Craig.

Abb. 18 zeigt eine Verteilungseinheit (verbesserte Form[1]) dieser Apparatur[2]. Sie besteht aus zwei Körpern, die durch ein Überlaufgefäß miteinander verschmolzen sind. Die Arbeitsweise dieser Verteilungseinheiten ist aus den Zeichnungen A, B und C der Abb. 18 ohne weiteres verständlich. Man füllt die zu mehreren (bis zu 220) zusammengestellten Verteilungseinheiten jeweils bis zur Höhe a (Abb. 18 C) mit der unteren Phase, stellt die Röhren waagrecht und gibt nunmehr in Rohr 0 die gleiche oder auch verschiedene Mengen oberer Phase und gleichzeitig das zu verteilende Stoffgemisch hinzu. Durch Kippen um die Querachse der Verteilungseinheiten gemäß den Abb. 18 A und B wird dann das

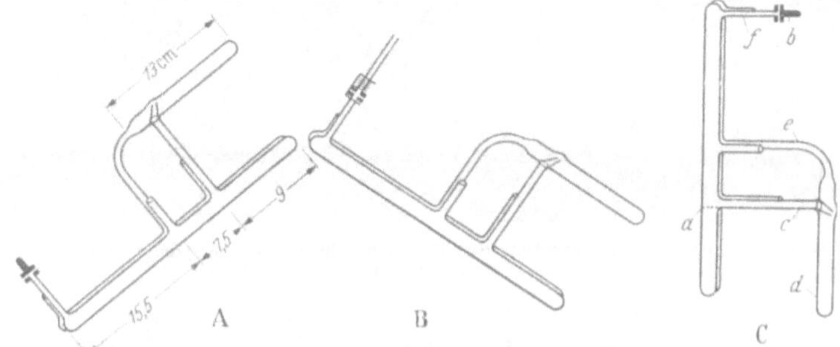

Abb. 18A—C. Schema der Glaseinheiten der neuen Gegenstromverteilungsapparatur. Nach Craig, Hausmann, Ahrens jr. und Harfenist (63). Vgl. Text.

Stoffgemisch verteilt. Nach Ruhigstellung in der Horizontalen, wobei sich die Phasen trennen, wird dann langsam, gemäß Abb. 18 C, nach hinten gekippt. Die obere Phase läuft nun durch c in das Überlaufgefäß d. Beim Zurückkippen zur Horizontalen fließt die obere Phase aus d durch e in die jeweils nächste Verteilungseinheit. Die einzelnen Verteilungskörper haben bei f einen Rohransatz, der durch den Stopfen b verschlossen ist. Der Ansatz erlaubt die Entnahme aliquoter Teile oberer oder unterer Phase, um nach einer bestimmten Anzahl von Verteilungsschritten den Verteilungsverlauf bestimmen zu können. Die entnommenen Volumina der Phasen werden durch die gleichen Volumina frischer Phasen ergänzt.

Enthält die Apparatur nur 30—60 Verteilungseinheiten, so kann der jeweilige Zusatz frischer oberer Phase zu Rohr 0 mit einer Bürette oder automatischen Pipette von Hand zugegeben werden. Eine komplette Apparatur mit 30 Verteilungseinheiten gibt Abb. 19 wieder. Craigs neueste Konstruktion ist eine vollautomatisch arbeitende Gegenstrom-

---

[1] Die alte Form siehe bei: Rauen, H. M., u. W. Stamm: Die Gegenstromverteilung. In Hoppe-Seyler/Thierfelders Handbuch der physiologisch- und pathologisch-chemischen Analyse, 10. Aufl., Bd. 1, Erste Hälfte, S. 260. Berlin-Göttingen-Heidelberg 1953.

[2] Diese Apparaturen werden ebenfalls in verschiedenen Ausführungsformen von H. O. Post (vgl. S. 22) hergestellt.

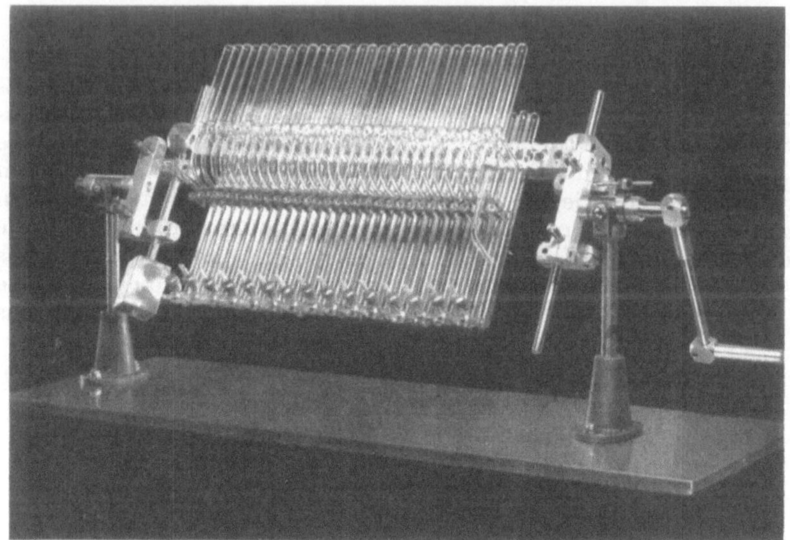

Abb. 19. Gegenstromverteilungsapparatur nach CRAIG mit 30 Einheiten. Obere und untere Phase je 10 cm³. Außendurchmesser der Röhren 15 mm.

Abb. 20. Vollautomatische Gegenstromverteilungsapparatur nach CRAIG mit 220 Verteilungseinheiten nach dem Schema der Abb. 18 bzw. 19.

verteilungsmaschine mit 220 Verteilungseinheiten aus Glas der beschriebenen Form, die zu je 110 übereinander angeordnet sind [Abb. 20 (*63*)]. Der Schüttelkörper befindet sich in einer geschlossenen Zelle und wird durch eine Maschinerie angetrieben. Einstellbar sind die Anzahl der Umschüttelungen, die Zeitdauer der Entmischung und die Gesamtzahl der Überführungen. Die Zugabe der frischen oberen Phasen zu Rohr 0 erfolgt durch eine einfache Baggervorrichtung, gemäß Abb. 21a. Der Füllkörper *a*, der das Volumen der oberen Phase bestimmt, übernimmt aus dem Vorratsgefäß *g* durch den Ansatz *b* die obere Phase, wobei die Luft durch *c* entweicht. Die obere Phase fließt dann nach Kippen durch *d* nach *e* und beim Zurückkippen durch *f* nach der Verteilungseinheit 0.

Abb. 21a u. b. a Automatische Abmeßvorrichtung für die obere Phase, zur vollautomatischen Gegenstromverteilungsapparatur der Abb. 20 gehörend; b Tauchheber zum Ergänzen der Verluste an unterer Phase.

Das Niveau der oberen Phase im Vorratsgefäß *g* muß stets konstant gehalten werden.

Eine ähnliche vollautomatisch arbeitende Apparatur wurde vor kurzem von v. Metzsch (*64*) angegeben.

Da beim Arbeiten mit Apparaturen, die eine größere Anzahl von Verteilungseinheiten enthalten, beim Überführen der oberen Phasen stets geringe Mengen von unteren Phasen mitgerissen werden, ergibt sich bald ein Schwund an unterer Phase. Dem begegnet man, indem man vor Füllung der gesamten Apparatur mit unterer Phase jeweils einen geringen Überschuß davon einfüllt. Dieser läuft dann mit den oberen Phasen durch die Apparatur und der zu verteilenden Substanz vorweg. Craig korrigiert diesen Fehler ebenfalls automatisch, indem er zwar exakte Volumina an unteren Phasen vorher einfüllt, jedoch bei jeweiliger Zugabe der oberen Phase eine geringe Menge an unterer Phase nach einem ähnlichen Abfüllprinzip, wie durch Abb. 21b dargestellt, beigibt.

Ist das zu verteilende Stoffgemisch in einer der beiden Phasen nur schwer löslich, so daß bei seiner Verteilung über 200 oder mehr Schritte die Konzentration in den Einheiten zu gering ist, um mit dem

Analysenverfahren noch erfaßt zu werden, kann man außer Rohr 0
noch weitere folgende Rohre mit dem Stoffgemisch beschicken. Die
Verteilung verläuft noch theoretisch, wenn man 5% der verwendeten
Verteilungseinheiten mit dem Stoffgemisch versieht. In der Apparatur
mit 200 Einheiten können also die zehn ersten Rohre beschickt werden,
wodurch in den meisten Fällen genügend Stoffgemisch eingeführt ist
(s. S. 57).

Die Verteilung wird zunächst solange fortgesetzt, bis die erste obere
Phase im letzten Verteilungsrohr angekommen ist. Die Verteilung nach
dem Grundprozeß ist nun beendet. Ist die Komponente des Stoffgemisches mit dem größten Verteilungskoeffizienten noch nicht im letzten
Rohr angekommen, so kann die Verteilung nach einem der später zu
besprechenden Verteilungsprinzipien fortgeführt werden.

c) Glasapparatur nach GRUBHOFER.

Sie arbeitet nach dem gleichen Prinzip wie die vorher beschriebene
Glasapparatur nach CRAIG, erlaubt aber die Verwendung größerer
Phasenvolumina (65) und ermöglicht also die präparative Gegenstromverteilung größerer Substanzmengen. Sie wird in zwei Größen hergestellt[1]: 1. 40stufig mit einem Fassungsvermögen von je 50 cm³ schwerer
und leichter Phase je Rohr. 2. 20stufig mit je 400 cm³ schwerer und
leichter Phase. Die Vorteile dieser Apparatur sind neben der größeren
Kapazität die einfache Handhabung und Reinigung, da die Einheiten
durch einen Schliffstopfenverschluß zugänglich sind. Je zwei Einheiten
sind miteinander verblasen und mit dem nächsten Aggregat, Glas auf
Glas, durch ein Stück Kunststoffschlauch verbunden. Zur Befestigung
werden die Aggregate auf eine mit Kunststoffschwamm dick gefütterte
Holzleiste aufgelegt und mit ebenso gefütterten Holzklötzchen durch
Anziehen von Flügelschrauben eingespannt. Die Verteilungsbatterie ist
dadurch elastisch und doch haltbar befestigt. Einzelne Teile können
leicht ausgewechselt werden. Das Ganze ist zwischen zwei Ständern
schaukelartig aufgehängt, so wie es Abb. 22 veranschaulicht.

Die Wippe kann auch in leicht vorwärts oder rückwärts geneigter
Lage festgestellt werden. So ist es möglich, an jedem Rohr den Stopfen
zu entfernen, bevor der Überlauf erfolgt ist. Man kann jetzt ganze
Phasen oder geringe aliquote Anteile entnehmen, um den Verteilungsverlauf zu kontrollieren. Das entnommene Volumen wird dann durch
frische Phase ersetzt. In stärkerer Schräglage läuft beim Öffnen des
Stopfens der ganze Inhalt aus. Man bedient sich dieser Möglichkeit,
wenn wegen hartnäckiger Emulsionsbildung nach jeder Verteilung zen-
trifugiert werden muß, ferner beim Reinigen der Apparatur.

Arbeitsweise und Füllen der Apparatur entsprechen der vorher bei
der CRAIGschen Apparatur gegebenen Vorschrift. Den Ablauf der letzten
Einheit verbindet man mit einem Kunststoffschlauch, der die über-
schüssigen Mengen an oberer Phase ableitet. Man muß ihn so legen, daß
er nicht durch die darin angestaute Menge an oberer Phase abgesperrt

---

[1] Hersteller: H. Kühn, Göttingen, Hospitalstraße.

wird, sonst entsteht ein Überdruck in der Apparatur, der das richtige Arbeiten verhindert. Die frische obere Phase läßt man durch ein Abfüllgefäß nach der in Abb. 22 wiedergegebenen einfachen Konstruktion zufließen.

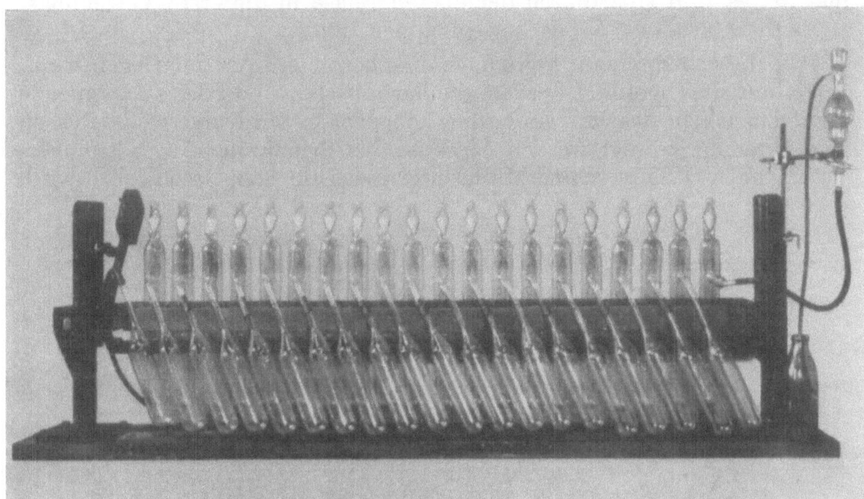

Abb. 22. Gegenstromverteilungsapparatur nach GRUBHOFER (65). Vgl. Text.

d) Einfache Glasapparatur nach WEYGAND.

Der Aufbau einer Einheit ergibt sich aus Abb. 23 (66). Zum Füllen und zum Ausgießen der oberen Phase dient ein trichterförmig erweitertes Mittelrohr. Das rechtwinklig gebogene Rohr am linken Ende dient zum

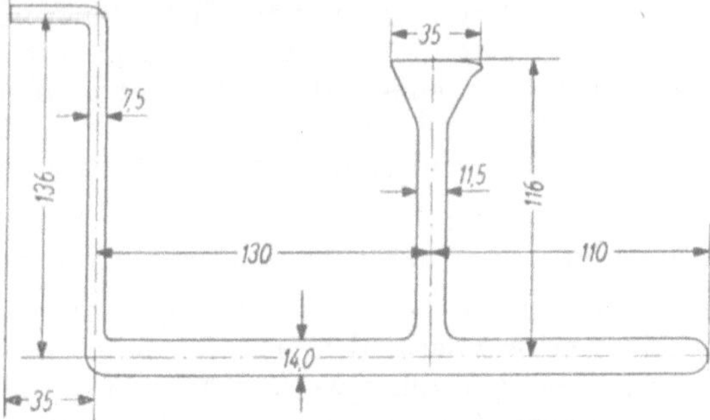

Abb. 23. Schema einer Verteilungseinheit nach WEYGAND (66). Maße in Millimetern.

Lufteintritt beim Ausgießen der oberen Phase durch das Mittelrohr und zum Ausguß aller Phasen am Ende der Verteilung. Die Montage von elf solcher Verteilungseinheiten ergibt sich aus Abb. 24. Mehrere solcher Wippen hintereinander geschaltet ermöglichen eine größere Anzahl von Verteilungen. Als Gefäße zur vorübergehenden Aufnahme der oberen Phasen dienen oben erweiterte Reagensgläser, die in den Bohrungen eines langen, schmalen Holzstückes mit Hilfe von Paraffin festgemacht sind. Sollen mehrere Wippen hintereinander geschaltet werden, so befestigt man das letzte Reagensglas des ersten Gestelles mit einer Klammer, da es zum Überführen der oberen Phase in die erste Verteilungseinheit der zweiten Wippe beweglich sein muß.

Mit dieser Apparatur kann auch eine besondere Art der Gegenstromverteilung durchgeführt werden, die darin besteht, daß das zu trennende Stoffgemisch in das Mittelröhrchen eingegeben wird und beide Phasen gegeneinander bewegt werden. Dies ist das Prinzip der Gegenstromverteilung nach O'KEEFFE und Mitarbeitern, das auf S. 38 beschrieben wird.

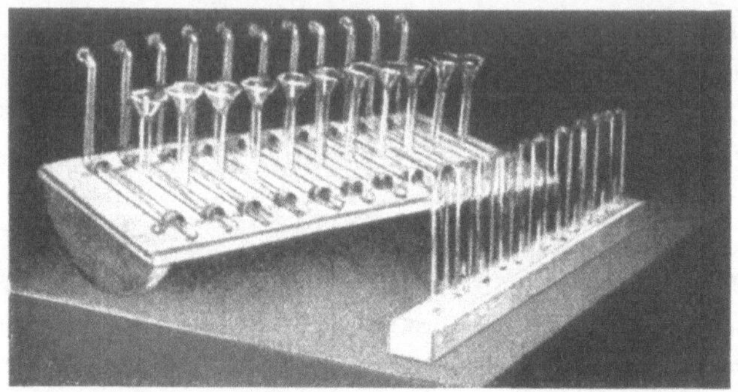

Abb. 24. Die vollständige Verteilungsapparatur nach WEYGAND (*66*).

e) Weitere Apparaturen zur präparativen Gegenstromverteilung.

Die ursprüngliche JANTZENsche Apparatur besteht aus einer Batterie U-förmig gebogener Schüttelrohre, die mit beiden Phasen völlig angefüllt sind und durch Capillaren miteinander in Verbindung stehen. Die neuerdings durch TSCHESCHE (*67*) verbesserte Apparatur beteht im wesentlichen aus einer Glaswendel, die auf einer liegenden, um die horizontale Achse drehbaren Blechwalze befestigt ist. Eine ähnlich arbeitende Vorrichtung konstruierten LATHE und RUTHVEN (*67a*).

3. Apparaturen zur kontinuierlichen Gegenstromverteilung.

Während bei den seither beschriebenen Apparaturen die oberen Phasen *diskontinuierlich* wandern, d.h. jeweils insgesamt in die nächsten Verteilungseinheiten überführt werden, fließen die oberen Phasen bei den nunmehr zu besprechenden Verfahren in kontinuierlichem Strom durch die unteren Phasen hindurch. Die Komponenten der zu trennenden Stoffgemische wandern dann gemäß ihren Verteilungskoeffizienten, jedoch unter Berücksichtigung der verschiedenen „Phasenvolumina" mit unterschiedlicher Geschwindigkeit. Diese Form der Gegenstromverteilung hat ihr Analogon in der *Verteilungschromatographie*. Bei ihr wird bekanntlich eine Phase, meist die wäßrige, stationär angeordnet, indem sie durch ein Vehikel (Stärke, Kieselgur, Cellulose) festgehalten wird und die mobile Phase läuft kontinuierlich durch die Säule hindurch.

Verfahren zur Trennung von Substanzen durch kontinuierliche Gegenstromverteilung wurden schon früher in verschiedenen Ausführungsformen angewandt. Insbesondere zur Trennung von Acylderivaten der Aminosäuren im System Chloroform-Wasser wurde sie vor 12 Jahren herangezogen. Die Apparatur war jedoch kompliziert und schwierig zu bedienen und scheint von ihren Erbauern heute nicht mehr gebraucht zu werden (4).

a) Apparatur nach WEYGAND.

Beschreibung (68). Diese Apparatur mit 100 Verteilungseinheiten wurde neuerdings zur Trennung und Isolierung von Desoxyribonucleosiden entwickelt, die durch Spaltung von Desoxyribonucleinsäure aus

Heringssperma mit Bleihydroxyd in wäßriger Lösung bei 100° C erhalten wurden. Sie ist einfach und eignet sich auch zur präparativen Darstellung anderer biologisch wichtiger Verbindungen. Abb. 25 zeigt das Bauprinzip der Verteilungseinheiten. Die waagrecht lagernden Röhrchen *a* von je 100 cm³ Fassungsvermögen sitzen nebeneinander auf einem Brett, das um seine Achse senkrecht zur Achse der Röhrchen gekippt werden kann. Aus einem höhergele-

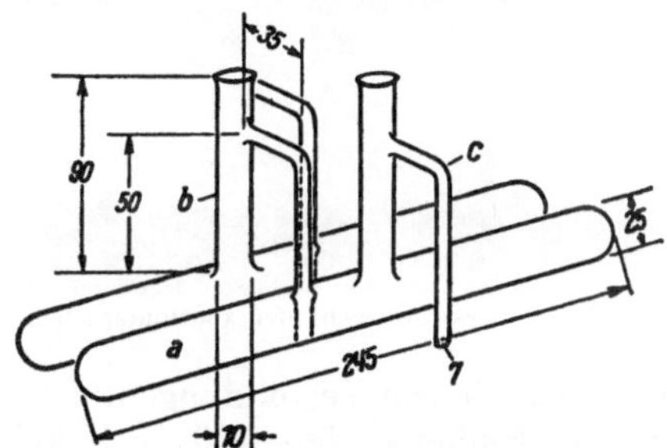

Abb. 25. Einheiten der kontinuierlichen Gegenstromverteilungsapparatur nach WEYGAND (68). Maße in Millimetern. *a* Verteilungseinheit; *b* Zulaufrohr; *c* Abflußrohr.

genen Vorratsgefäß fließt durch das Zulaufrohr *c* die obere Phase langsam zu und setzt sich, nachdem sie durch die untere Phase hindurch getreten ist, über dieser ab. Durch die Kippbewegung werden beide Phasen ständig gemischt. Wenn eine Verteilungseinheit vollständig mit Flüssigkeit gefüllt ist, steigt die obere Phase in dem Stutzen *b* hoch, bis sie das Abflußrohr *c* erreicht hat. Durch dieses fließt sie in die nächste Verteilungseinheit ab. Je zehn Verteilungseinheiten sind, wie Abb. 26 zeigt, durch einen Kugelschliff miteinander verbunden. Verteilungseinheit 0 hat ein Volumen von 500 cm³. Die Stutzen *b* werden mit Gummistopfen verschlossen, die obere Phase kommt aber mit den Stopfen nicht in Berührung. Der Zulauf an oberer Phase wird an einem Tropfenzähler beobachtet und mit einem fest einstellbaren Rollenhahn reguliert. Das Zulaufrohr zur Einheit 0 ist genau in Richtung der Drehachse rechtwinklig abgebogen und mit einem kurzen Stück Gummischlauch Glas auf Glas mit der feststehenden Zuleitung für die obere Phase verbunden. Als Antrieb dient ein 40 W-Motor mit vorgeschaltetem Regulierwiderstand (maximale Tourenzahl 1600/min, Untersetzungsverhältnis 1:100).

Arbeitsweise. (Am Beispiel der Trennung von Desoxyribonucleinsäure.) Einheit 0 wird mit dem eingeengten Hydrolysat der Desoxyribonucleinsäure, die übrigen Einheiten zu $^4/_5$ ihres Volumens mit butanolgesättigtem Wasser beschickt. Nachdem die Apparatur in Gang gesetzt

ist, läßt man wassergesättigtes Butanol zufließen. Wenn Einheit 100
mit oberer Phase gefüllt ist, wird die untere Phase jeder Einheit auf die

Abb. 26. Gesamtansicht der kontinuierlichen Verteilungsapparatur nach WEYGAND (68).

Anwesenheit von Verbindungen, die bei 260 mµ absorbieren, untersucht.
Da die Einheiten 50—100 noch keine Desoxyriboside enthalten, läßt
man nochmals die gleiche Menge Butanol zufließen. Ein danach an-
gesetztes Papierchromatogramm zeigt eine
Verteilung der Substanzen auf alle hundert

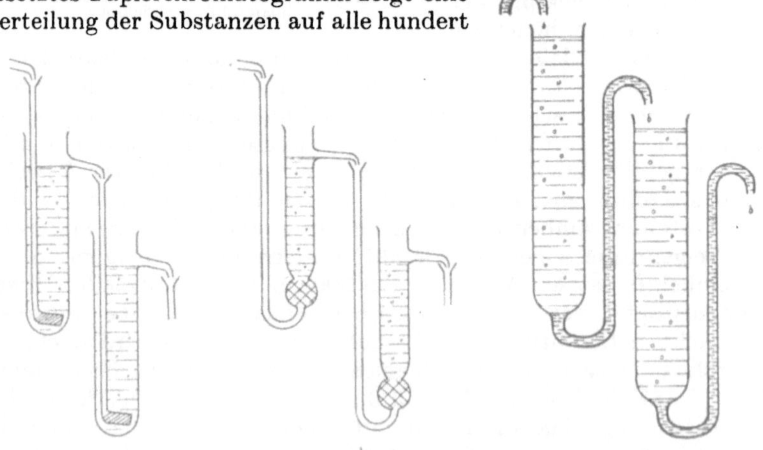

Abb. 27a—c. Schemata der Verteilungseinheiten nach der „Kaskadenmethode" von KIES und
DAVIES (69). a und b die obere Phase wandert, c die untere Phase wandert. a Glaseinsätze; b in
den kugeligen Gefäßen befindet sich Glaswolle.

Elemente, wobei die Trennung noch unvollständig ist. Man läßt weiter
Butanol zufließen und fängt die aus der letzten Verteilungseinheit aus-
tretende obere Phase in geeigneten Fraktionen auf. Nach genügender
Auftrennung des Stoffgemisches, die man durch Papierchromatographie

verfolgt, werden Fraktionen bzw. Röhrchen mit gleichem Inhalt zusammengefaßt und aus den Lösungen durch Eindampfen und Umkristallisieren die Desoxyriboside in reinem Zustand gewonnen. Aus 25 g roher Desoxyribonucleinsäure wurden 510 mg Thymidin, 300 mg Guanindesoxyribosid, 65 mg Adenin-desoxyribosid und 60 mg Cytosin-desoxyribosid, ferner einige Milligramm Uracyl-desoxyribosid erhalten.

b) Kaskadenmethode nach KIES und DAVIS.

Ebenfalls zur Trennung und Reinigung biologisch wichtiger Substanzen natürlicher Herkunft verwenden die Autoren folgende einfache Vorrichtung (69): Das Verteilungssystem besteht aus einer beliebigen Anzahl von Glaseinheiten der Formen in Abb. 27a oder b (obere Phase fließend), bzw. c (untere Phase fließend). Die Einheiten sind, gemessen vom Gefäßboden bis zum Überlauf, 18 bzw. 25 cm lang. Man füllt sie mit stationärer Phase und läßt die Gegenphase kontinuierlich in die Verteilungseinheit 0 einlaufen. Werden die Verteilungseinheiten so untereinander angebracht, daß der Überlauf der einen in die weite obere Öffnung der anderen mündet, dann fließt die mobile Phase mit gleichbleibender Geschwindigkeit durch sämtliche Einheiten.

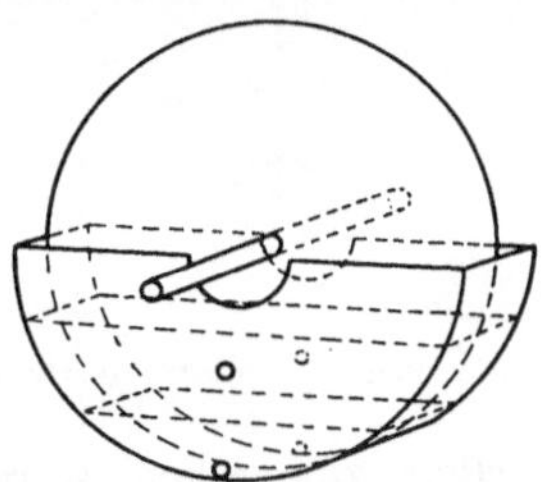

Abb. 28. Schema einer Verteilungseinheit der kontinuierlichen Gegenstromverteilungsapparatur nach SIGNER (70). Vgl. Text.

c) Apparatur nach SIGNER.

Abb. 28 zeigt das Schema einer Verteilungseinheit dieser Apparatur (70). Die Verteilungseinheit besteht aus einem Trog, der parallel zur Achse 4 Bohrungen enthält. Durch die unteren Bohrungen fließt die schwere Phase in der einen und durch die oberen Bohrungen die leichte Phase in der entgegengesetzten Richtung. Eine auf der Achse angebrachte Scheibe, die der Halbzylinderwand des Troges möglichst dicht anliegt, nimmt beim langsamen Drehen einen Film der unteren Phase in die obere mit und sorgt so für Oberflächenvergrößerung der austauschenden Flüssigkeitsgrenzflächen. Die Substanzen verteilen sich zwischen den beiden Phasen mit hinreichender Geschwindigkeit. Abb. 29 zeigt die gesamte Apparatur mit 37 Kammern aus nichtrostendem Stahl. Sie kann mit einem Halbzylinderdeckel verschlossen werden, so daß die obere Phase (z. B. Äther) kaum verdunsten kann.

Mit dieser Verteilungsapparatur können alle Parameter des Verteilungssystems verändert werden. Das Volumenverhältnis der einzelnen

Phasen ist nicht wie bei den Apparaturen zur diskontinuierlichen Verteilung starr an das Gefäßvolumen gebunden. Durch geeignete Vorrichtungen hat man es in der Hand, die Durchflußgeschwindigkeiten der beiden Phasen konstant zu halten oder zu variieren. Auch kann entweder die obere oder die untere Phase stationär gehalten werden, und die andere fließt mit variabler Geschwindigkeit. In diesem Falle wird Trog 0 einmalig mit der zu verteilenden Substanz beschickt. Bei wahrer kontinuierlicher Gegenstromverteilung, wobei beide Phasen gegeneinander wandern, kann die Substanz in die mittlere Einheit entweder

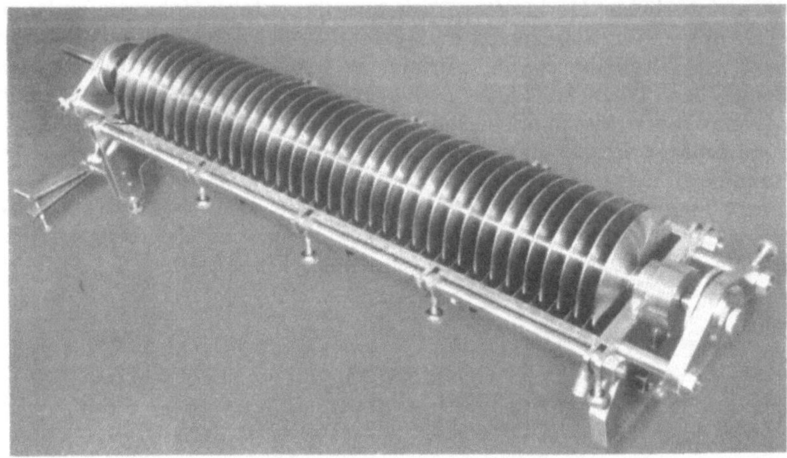

Abb. 29. Gesamtansicht der kontinuierlichen Gegenstromverteilungsapparatur nach SIGNER (70).

einmalig oder kontinuierlich zugegeben werden. Ein Versuch zur mathematischen Beherrschung dieses Trennverfahrens siehe bei (70).

VI. Die verschiedenen Methoden der Gegenstromverteilung.

Bei ihrer Beschreibung behalten wir zunächst zum Zwecke der leichteren Verständlichkeit die CRAIGsche Metallapparatur mit 25 Röhrchen im Auge und übertragen die einzelnen Verfahren dann sinngemäß auf die Glasapparaturen.

1. Grundprozeß.

Er wurde bereits bei der Besprechung der CRAIGschen Trommelapparatur und ihrer Arbeitsweise beschrieben, worauf verwiesen sei (S. 22). Man verteilt so lange, bis das Röhrchen 0 der oberen Trommel über dem letzten Röhrchen der unteren Trommel steht.

2. Kreislaufmethode.

Wir nehmen an, die Kurve der Gegenstromverteilung nach dem Grundprozeß einer 25 Röhrchen enthaltenden Metallapparatur habe die Lage und Gestalt wie a in Abb. 30. Das Maximum der Kurve liege über 3 der Abszisse und das letzte Rohr mit nachweisbarer Substanzmenge sei 14. Es sind also noch 10 Röhrchen ohne Substanz. Infolgedessen kann die Verteilung durch einfaches Weiterdrehen der oberen Trommel um mindestens 10 Schritte fortgesetzt werden. Das Ergebnis zeigt Kurve *b* in Abb. 30. Man sieht, daß sich jetzt 2 Gipfel ausbilden und die sich vorher als „Schwanz" abzeichnenden Mischungsanteile zwischen 8 und 14 der Abszisse sich nunmehr zwischen 14 und 26 deutlich abheben.

Mit der *Glasapparatur* verteilt man nach der Kreislaufmethode, indem man die aus der letzten Verteilungseinheit ausfließende obere Phase

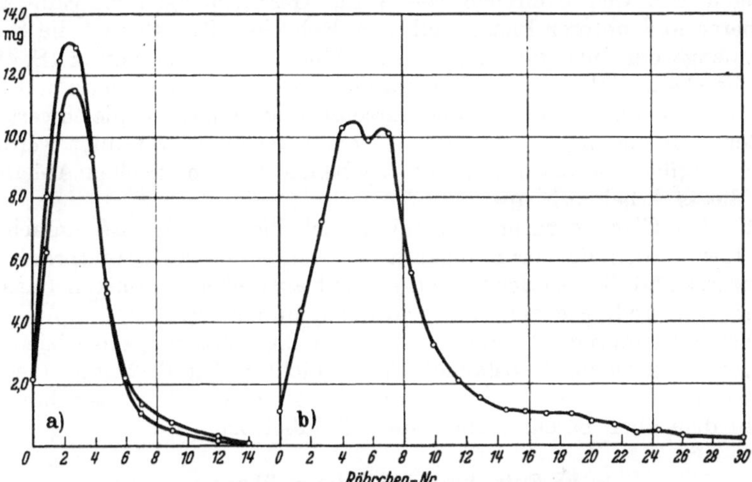

Abb. 30 a u. b. Beispiele der Gegenstromverteilung (Monoaminosäurenanteile eines Clupeinhydrolysates). a 24fach; b 04fach. Nach FELIX, RAUEN, STAMM und ZIMMER (59).

wieder in Verteilungseinheit 0 einfüllt. In allen Fällen, in denen Substanzen mit kleinen Verteilungskoeffizienten zu verteilen sind, führt die Kreislaufmethode bis zu einem gewissen Grad zur besseren Auftrennung. Man muß aber darauf achten, daß sich durch zu weitgehendes „Überdrehen" die Substanzbänder nicht überlappen.

3. Methode der einphasigen Entnahme (single withdrawal method).

a) Entnahme der oberen Phase.

Erscheint ein Auftrennen mit der Kreislaufmethode unzureichend so läßt sich nach folgendem Verfahren verteilen: Man führt zuerst den Grundprozeß durch. Dann steht Rohr 0 der oberen Trommel über Rohr 24 der unteren Trommel bei einer Metallapparatur mit 25 Röhrchen (Stellung 0/24). Nach Absitzenlassen der Phasen wird einmal weiter gedreht, so daß 0 über 0 steht (0/0). Aus diesem Rohr wird die obere Phase entfernt und durch frische ersetzt. Es wird nun wieder durchmischt und einmal weitergedreht (Stellung 0/1). Nun wird die obere Phase aus Rohr 1/0 entfernt und durch frische ersetzt. Nach einem weiteren Verteilungsschritt erreichen wir Stellung 0/2. Aus Rohr 2/0 wird wieder die obere Phase entfernt und durch neue ersetzt. Dieses Vorgehen wird nun so lange fortgesetzt, bis die erstrebte Anzahl Verteilungen erreicht ist. Will man mit dieser Methode 40fach verteilen, so erhält der erstentnommene Röhrcheninhalt die Nummer 40, der zweite die Nummer 39 usw., bis man zu dem Röhrchen angelangt ist, das die Nummer 25 erhält. Die 40fache Verteilung ist dann beendet. Es ist zu beachten, daß die zu analysierenden gleichwertigen Einheiten einmal aus oberer und unterer Phase bestehen (0—24) und das andere Mal (25—40) nur aus oberer Phase. Bei der Auswertung dieser Verteilung gelangen von den Röhrchen 0—24 die Gesamtmengen an Substanz in oberer *und* unterer Phase und von Röhrchen 25—40 nur die Substanzmenge der entnommenen oberen Phase in die Rechnung (S. 48). Daß die Gesamtinhalte von oberer und unterer Phase einerseits und die Inhalte von oberer Phase andererseits mathematisch gleichwertige Größen sind und infolgedessen zu einem Kurvenbild vereinigt werden dürfen, ergibt sich aus der später gegebenen mathematischen Abhandlung dieses Arbeitsprinzips.

Mit den Glasapparaturen gestalten sich die Verhältnisse einfacher, denn hier werden die Verteilungen nach Beendigung des Grundprozesses fortgesetzt und die aus der letzten Einheit ausfließenden oberen Phasen aufgefangen und, wie vorher beschrieben, numeriert.

Dieses Verfahren ist brauchbar, wenn die Verteilungskoeffizienten der Komponenten des Substanzgemisches nicht größer als 2 sind. Liegen größere Verteilungskoeffizienten vor, so ist ein Verfahren angebracht, das zu dem oben beschriebenen spiegelbildlich ist.

b) Entnahme der unteren Phase.

Diesmal bleibt die Anzahl der oberen Phasen konstant und die unteren werden entnommen und durch neue ersetzt. Man führt mit einer 25 Röhren-Metallapparatur zunächst den Grundprozeß durch, jedoch nur bis zum 23. Verteilungsschritt. Nun steht Rohr 0 über Rohr 23. Man entnimmt dann aus dem davor stehenden Röhrchen 24/24 die obere Phase und *ersetzt sie nicht*. Dies ist erforderlich, damit beim Weiterverteilen für das leere obere Röhrchen 24 die unteren Phasen der folgenden Röhrchen zugänglich werden. Nun wird einmal weiterverteilt, so daß 0/24 erreicht ist. Aus dem davorliegenden Rohr 24/0 wird die untere Phase entfernt, mit 0 beziffert und durch frische ersetzt. Bei dem nächsten Verteilungsschritt steht Rohr 0 über Rohr 1. Aus dem davorliegenden Rohr 24/2 wird die untere Phase entfernt, mit 1 bezeichnet und durch frische ersetzt. Der nächste Schritt ergibt 0/2. Aus 24/3 wird wiederum die untere Phase entnommen und durch frische ersetzt. Der Inhalt erhält die Nummer 2. Dieses Verfahren wird bis zu der gewünschten Anzahl der Verteilungen fortgeführt.

Mit der Glasapparatur ist dieses Verfahren etwas umständlich. Hat man z. B. 40 Einheiten für 39 Verteilungsschritte, so führt man zuerst einen 38fachen Grundprozeß durch. Zu dem nächsten Verteilungsschritt gibt man nun keine frische obere Phase mehr dazu. In der Verteilungseinheit 0 ist also am Ende des 39. Verteilungsschrittes nur noch untere Phase. Man entleert nun die Einheit 0, beziffert den Inhalt mit 0 und setzt die freigewordene Einheit, nachdem man sie mit frischer unterer Phase gefüllt hat, neben Einheit 40 als Nummer 41. Dieses Umgruppieren der Verteilungseinheiten ist bei Wippen sehr umständlich. In diesem Fall wird man die 41. Verteilungseinheit auf ihrem früheren Platz 0 belassen und die hinten ausfließende obere Phase wie im Kreisprozeß in die Einheit 0 einfüllen. Es wird dann weiter so verfahren, wie bei der Metallapparatur beschrieben.

4. Zweiphasige Entnahme
(diamond separation, completion of squares)

ist eine Abart der vorher beschriebenen Verfahren und besteht im folgenden Vorgehen: *Symmetrisches Verfahren*. Man führt zunächst den Grundprozeß durch. Beim Weiterverteilen entnimmt man schrittweise die obere Phase, ohne frische Phase zuzugeben. Der Verteilungsvorgang ist beendet, wenn die letzte obere Phase den Apparat verlassen hat. Man hat dann so viel Anteile an oberen und unteren Phasen, wie der Apparat Verteilungseinheiten enthält. *Unsymmetrisches Verfahren*. Über den Grundprozeß verteilt man unter Zugabe von oberer Phase weiter und läßt nach einer vorher festgelegten Anzahl von Verteilungen, wie vorher beschrieben, leerlaufen. Am Ende der Verteilung hat man jetzt eine größere Anzahl von Einheiten mit oberer Phase als solche mit unterer Phase. Dieses Verfahren wurde von BUSH und DENSEN angegeben (*71*).

5. Methode der wechselphasigen Entnahme
(alternate withdrawal method).

Diese Methode ist eine Kombination der beiden Verfahren der einphasigen Entnahme. Mit der CRAIGschen Trommelapparatur mit 25 Röhren (für 24 Verteilungsschritte) ist nur ein 23stufiger Grundprozeß durchzuführen. Nach dessen Beendigung steht Rohr 0 über Rohr 23. Nun verteilt man einen Schritt weiter, so daß Rohr 0 über Rohr 24 steht und entfernt den gesamten Inhalt der Einheit. Die untere Phase des geleerten Röhrchens war noch nicht gebraucht, also „leer". Der Gesamtinhalt dieser Einheit stellt also die *erste* Entnahme der *oberen* Phase dar und wird mit $s = 0$ bezeichnet. Man ersetzt durch frische obere und untere Phase, verteilt und dreht weiter. Jetzt steht Rohr 0 über Rohr 0. Man entnimmt den Gesamtinhalt aus diesem Rohr. Die obere Phase war hier bei der vorhergehenden Verteilung frisch zugesetzt worden, so daß der jetzige Schritt die *erste* Entnahme einer *unteren* Phase ist und mit $r = 0$ bezeichnet wird. In das leere Rohr kommt wieder frische obere und untere Phase und man verteilt einen Schritt weiter. Jetzt steht Rohr 0 über Rohr 1. Der Inhalt des im Uhrzeigersinne zurückliegenden Rohres 1/0 wird nun entnommen. Er enthält nur Substanz aus der oberen Trommel und entspricht der *zweiten* Entnahme einer *oberen* Phase. Er bekommt die Bezeichnung $s = 1$. Nun wird wieder mit frischen Phasen ergänzt und weiterverteilt. Jetzt steht Rohr 0 über

Rohr 2. Der Inhalt des im Uhrzeigersinne zurückliegenden Rohres 1/1 wird entnommen und entspricht der *zweiten* Entnahme einer *unteren* Phase. Er wird mit $r = 1$ bezeichnet. Es wird weiterverteilt, so daß Rohr 0 über Rohr 3 steht. Aus dem Rohr 2/1 wird der gesamte Inhalt entfernt und mit $s = 2$ bezeichnet usw.

Mit den *Glasapparaturen* verläuft der Vorgang folgendermaßen: Die GRUBHOFERsche Apparatur erlaubt nach dieser Methode eine 78fache Verteilung, wenn 40 Einheiten zur Verfügung stehen (38facher Grundprozeß und je 20 Entnahmen oberer und unterer Phase). Auch hier ist aus den bereits angeführten Gründen nur ein 38facher Grundprozeß möglich. Wegen der besseren Zugänglichkeit der einzelnen Einheiten durch die Glasstopfenverschlüsse können jedoch obere und untere Phase für sich entnommen werden.

Beim Füllen der Einheiten bleibt die letzte (Nr. 39) ohne Phasenfüllung. 1. bis 37. Verteilungsschritt: Wie üblich nach dem Grundprozeß. 38. Verteilungsschritt: Obere Phase hat das vorletzte Rohr erreicht. 39. Verteilungsschritt: Beim Überführen der Phasen fließt die obere Phase von 38 nach 39. Diese wird entfernt und mit $s = 0$ bezeichnet. In Einheit 0 kommt frische obere und in Einheit 39 frische untere Phase. Mischen, absitzen lassen.

40. Verteilungsschritt: Beim Überführen ist in Einheit 0 nur untere Phase. Diese wird entfernt und mit $r = 0$ bezeichnet. Mischen, absitzen lassen.

41. Verteilungsschritt: Beim Überführen wird die obere Phase aus Einheit 39 aufgefangen und mit $s = 1$ bezeichnet. In Einheit 0 kommt frische untere und in Einheit 1 frische obere Phase. Mischen, absitzen lassen.

42. Verteilungsschritt: Beim Überführen wird die auslaufende Phase aufgefangen und in Einheit 0 gegeben. Die frei gelegte untere Phase in Einheit 1 wird entfernt und mit $r = 1$ benannt. Mischen, absitzen lassen.

43. Verteilungsschritt: Beim Überführen wird die aus Einheit 39 ausfließende Phase in Einheit 0 gegeben. Die obere Phase der Einheit 0, die sich jetzt in der vorher leeren Einheit 1 befindet, wird von hier entfernt und mit $s = 2$ benannt. In Einheit 1 kommt frische untere und in Einheit 2 frische obere Phase. Mischen, absitzen lassen.

44. Verteilungsschritt: Die beim Überführen ausfließende Phase kommt wieder in Einheit 0. In Einheit 2 befindet sich nur untere Phase. Diese wird entfernt und mit $r = 2$ bezeichnet. Mischen, absitzen lassen.

45. Verteilungsschritt: Die beim Überführen hinten austretende Phase in Einheit 0 eingeben. Obere Phase aus der vorher leeren Einheit 2 entfernen und mit $s = 3$ bezeichnen. In Einheit 2 wird frische untere und in Einheit 3 frische obere Phase zugegeben. Mischen, absitzen lassen usw.

6. Gegenstromverteilung nach O'KEEFFE und Mitarbeitern.

Diese Methode eignet sich besonders gut zur präparativen Trennung eines Substanzgemisches mit kontinuierlicher Substanzzugabe. Sie setzt aber voraus, daß es entweder nur 2 Komponenten oder Komponentengemische enthält, deren Verteilungskoeffizienten einmal größer und einmal kleiner als 1 sind. Dieses gilt für den Fall, daß man gleiche Volumina unterer und oberer Phase verwendet. Besitzen die Verteilungskoeffizienten der beiden Komponenten jedoch andere Werte, so kommt man

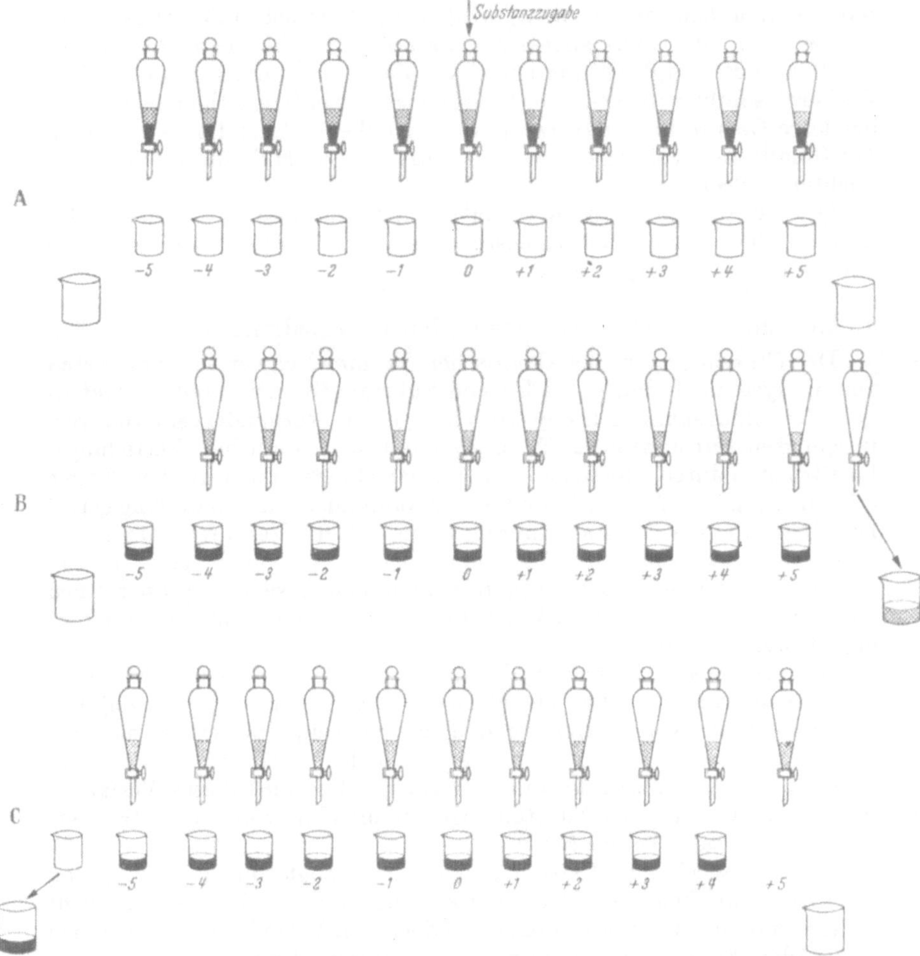

Abb. 31 A—C. Schema einer Gegenstromverteilung nach O'KEEFFE, DOLLIVER und STILLER (*18*). Erläuterung s. Text.

durch Ändern des Volumenverhältnisses der beiden Phasen auch zu einem optimalen Trenneffekt. Man berechnet das Volumenverhältnis an Hand der bekannten Verteilungskoeffizienten nach der S. 59 aufgeführten Formel von BUSH und DENSEN (*71*). *Arbeitsprinzip* (vgl. Abb. 31):

A. Untere und obere Phase werden in jeden Scheidetrichter der aus 11 Einheiten bestehenden Batterie eingefüllt. Das zu trennende Substanzgemisch wird in der unteren Phase der Einheit 0 gelöst, die sich diesmal gemäß der in Abb. 31 wiedergegebenen Zeichnung in der Mitte befindet. Schütteln, absitzen lassen.

B. Auslaufen der unteren Phasen in die unter jedem Schütteltrichter stehenden Bechergläser. Alle Trichter, noch die oberen Phasen enthaltend, werden einen Platz nach rechts gesetzt. Der Inhalt des Trichters rechts außen (obere Phase) wird in ein Sammelgefäß entleert und der leere Trichter links angesetzt. Er erhält frische obere Phase.

C. Alle Bechergläser werden einen Platz nach links gerückt. Das Becherglas links außen (untere Phase) wird in ein Sammelgefäß entleert, das leere Glas rechts angesetzt und mit frischer unterer Phase versehen. Die Inhalte der Bechergläser werden in die darüber befindlichen Schütteltrichter entleert.

Der zweite Anteil des zu verteilenden Gemisches war vorher in der unteren Phase der Einheit 0 gelöst worden. Nun wird mit der Verteilung wie beschrieben fortgefahren.

7. Anwendungsbereich der verschiedenen Verteilungsmethoden (72).

Der *Grundprozeß* in der CRAIGSchen Trommel eignet sich am besten zur Analyse des Reinheitsgrades von Substanzen. Die steil verlaufenden Verteilungskurven lassen am ehesten das Vorhandensein von verunreinigten Substanzen, auch solchen mit sehr ähnlichen Verteilungskoeffizienten durch Abweichen von der berechneten theoretischen Kurve erkennen (vgl. S. 42). Der Grundprozeß kann auch zur Darstellung geringer Mengen reiner Substanz führen, wenn sich die Verunreinigungen infolge deutlich verschiedener Verteilungskoeffizienten gut abtrennen lassen.

Die *Methode der einphasigen Entnahme* eignet sich zu präparativen Zwecken, wenn mit wenigen Verteilungseinheiten ein großer Trenneffekt erzielt werden soll.

Die *zweiphasige Entnahme*, die sich ebenfalls zur Substanzreinigung im präparativen Maßstab eignet, kann sogar dem Grundprozeß mit gleicher Anzahl von Verteilungen überlegen sein. Sie eignet sich besonders zur Gewinnung größerer Mengen nicht so reiner Substanz, d.h. also am besten zur Substanzanreicherung. Man wird dieses Verfahren wählen, wenn man große Substanzmengen mit Hilfe von Scheidetrichtereinheiten zu verarbeiten hat.

Die *wechselphasige Entnahme* wird bevorzugt zur Trennung von Substanzgemischen mit Verteilungskoeffizienten um 1. Sie entspricht weitgehend einem Grundprozeß, hat jedoch den Vorteil, durch Gewinnen von vielen Fraktionen die Verteilung weiterzuführen.

Die *Verteilung nach* O'KEEFFE *und Mitarbeitern* entspricht im wesentlichen der nach BUSH und DENSEN und eignet sich sehr gut zur fortlaufenden präparativen Trennung.

VII. Die mathematische Behandlung der Gegenstromverteilung.

Wie in der Einleitung erwähnt, besteht der besondere Wert dieses Trennverfahrens nicht zuletzt darin, daß die Verteilungsvorgänge mathematisch verfolgt werden können (73). Erst dann erhält man ein eindeutiges Bild vom Trennverlauf, wenn man die *theoretischen Verteilungskurven* über die experimentell erhaltenen zeichnet. Besteht Übereinstimmung zwischen den beiden, dann deutet dies auf Substanz*reinheit* hin. Stimmen sie nicht überein, so regt dies zu weiteren Trennmaßnahmen an.

Im folgenden werden nur die für die Praxis wichtigen mathematischen Verfahren ausführlich besprochen.

1. Berechnung des Grundprozesses.

Wir bezeichnen nach der seitherigen Gepflogenheit mit X die gesamte Substanzmenge in einem Verteilungsröhrchen. x und y sind dann die Anteile in der oberen bzw. unteren Phase, so daß $x + y = X$ ist. $x/y = k$ gilt dann nur für den Fall, daß *gleiche Volumina* beider Phasen vorliegen. Bei *ungleichen Volumina* ist $k \cdot v$ zu setzen, wobei v das Volumenverhältnis der oberen zur unteren Phase bedeutet. In diesem Falle gilt also die Gleichung:

$$\frac{x}{y} \cdot \frac{1}{v} = k, \tag{21}$$

wenn x und y in absoluten Mengen angegeben werden.

Setzen wir zur Vereinfachung $X = 1$, so wird $y = 1 - x$, ferner

$$k = \frac{x}{1 - x}$$

und somit

$$\boxed{x = \frac{k}{k + 1}, \quad y = \frac{1}{k + 1}.} \tag{22}$$

Der Verlauf der Gegenstromverteilung ist darstellbar durch die Binomialfunktion

$$(x + y)^n, \tag{23}$$

wobei n die Anzahl der Verteilungsschritte bedeutet. Setzen wir die Ausdrücke (22) in diese Funktion ein, so erhalten wir

$$\left[\frac{k}{k + 1} + \frac{1}{k + 1} \right]^n, \tag{24}$$

wenn die *untere* Phase von links nach rechts wandert. Wandert hingegen die *obere* Phase von links nach rechts, so gilt

$$\left[\frac{1}{k + 1} + \frac{k}{k + 1} \right]^n. \tag{25}$$

Für $X = 1$ und für $n = 1$ bis $n = 8$ sind die Glieder der Binominalverteilung, die dem Gesamtinhalt der Röhrchen einer Gegenstromverteilung entsprechen, in Tabelle 4 zusammengestellt. Wie man sieht, steht jedes Glied zu dem vorhergehenden in einem bestimmten Verhältnis.

Tabelle 4. *Terme der Binomialverteilung für die Wanderung der oberen Phase.* Nach WILLIAMSON und CRAIG (73).

$n\downarrow$ \ r	0	1	2	3	4	5	6	7	8
0	1								
1	$\dfrac{1}{k+1}$	$\dfrac{k}{k+1}$							
2	$\dfrac{1}{(k+1)^2}$	$\dfrac{2k}{(k+1)^2}$	$\dfrac{k^2}{(k+1)^2}$						
3	$\dfrac{1}{(k+1)^3}$	$\dfrac{3k}{(k+1)^3}$	$\dfrac{3k^2}{(k+1)^3}$	$\dfrac{k^3}{(k+1)^3}$					
4	$\dfrac{1}{(k+1)^4}$	$\dfrac{4k}{(k+1)^4}$	$\dfrac{6k^2}{(k+1)^4}$	$\dfrac{4k^3}{(k+1)^4}$	$\dfrac{k^4}{(k+1)^4}$				
5	$\dfrac{1}{(k+1)^5}$	$\dfrac{5k}{(k+1)^5}$	$\dfrac{10k^2}{(k+1)^5}$	$\dfrac{10k^3}{(k+1)^5}$	$\dfrac{5k^4}{(k+1)^5}$	$\dfrac{k^5}{(k+1)^5}$			
6	$\dfrac{1}{(k+1)^6}$	$\dfrac{6k}{(k+1)^6}$	$\dfrac{15k^2}{(k+1)^6}$	$\dfrac{20k^3}{(k+1)^6}$	$\dfrac{15k^4}{(k+1)^6}$	$\dfrac{6k^5}{(k+1)^6}$	$\dfrac{k^6}{(k+1)^6}$		
7	$\dfrac{1}{(k+1)^7}$	$\dfrac{7k}{(k+1)^7}$	$\dfrac{21k^2}{(k+1)^7}$	$\dfrac{35k^3}{(k+1)^7}$	$\dfrac{35k^4}{(k+1)^7}$	$\dfrac{21k^5}{(k+1)^7}$	$\dfrac{7k^6}{(k+1)^7}$	$\dfrac{k^7}{(k+1)^7}$	
8	$\dfrac{1}{(k+1)^8}$	$\dfrac{8k}{(k+1)^8}$	$\dfrac{28k^2}{(k+1)^8}$	$\dfrac{56k^3}{(k+1)^8}$	$\dfrac{70k^4}{(k+1)^8}$	$\dfrac{56k^5}{(k+1)^8}$	$\dfrac{28k^6}{(k+1)^8}$	$\dfrac{8k^7}{(k+1)^8}$	$\dfrac{k^8}{(k+1)^8}$

Für die 8fache Verteilung ergeben sich die Gesamtinhalte der Röhrchen zu:

$$X_0 = \frac{1}{(k+1)^8}$$
$$X_1 = 8 \cdot k \cdot X_0$$
$$X_2 = \frac{7}{2} \cdot k \cdot X_1$$
$$X_3 = \frac{6}{3} \cdot k \cdot X_2$$
$$\vdots$$
$$X_r = \frac{n+1-r}{r} \cdot k \cdot X_{r-1}, \tag{26}$$

wobei n die Gesamtzahl der Verteilungsschritte und r die Nummern der Verteilungseinheiten sind.

Logarithmiert man (26), so erhält man (74):

$$\boxed{\log X_r = \log \frac{n+1-r}{r} + \log k + \log X_{r-1}} \tag{27}$$

und das Anfangsglied wird

$$\boxed{\log X_0 = -n \log (1+k).} \tag{28}$$

Mit Hilfe dieser logarithmischen Formeln errechnet man leicht alle Werte der theoretischen Kurve durch einfache Addition der Formelteile, wobei in jeden Wert der vorherige eingeht. Diese Formeln ermöglichen auch die Verwendung einer Rechenmaschine, wodurch der Rechenvorgang, besonders bei einer großen Anzahl von Verteilungen, wesentlich vereinfacht wird. Für eine 24fache Verteilung sind die

$$\log \frac{n+1-r}{r}.$$

-Werte in der zweiten Kolonne der Tabelle 5 enthalten. $\log k$ ergibt sich entweder aus der der Gegenstromverteilung vorausgegangenen analytischen Bestimmung des Verteilungskoeffizienten oder wird nach dem im folgenden Abschnitt angegebenen Verfahren aus der Lage des Maximums der experimentellen Verteilungskurve über der Abszisse berechnet.

Bei der Reihenentwicklung von (26) erhält man

$$X_{n,r} = \frac{n!}{r!\,(n-r)!} \cdot \frac{k^r}{(k+1)^n}. \tag{29}$$

Tabelle 5. *Laufende Terme zur Berechnung der theoretischen Verteilungskurven.* Nach KARLSON und HECKER (72).

Frakt.-Nr. r	Grundprozeß $\log \dfrac{n+1-r}{r}$	Einphasige Entnahme der unteren Phase $\log \dfrac{m+r}{r}$	Wechselphasige Entnahme der unteren Phase $\log \dfrac{(m+2r+1)(m+2r)}{r(m+r+2)}$	Wechselphasige Entnahme der oberen Phase $\log \dfrac{(m+2s)(m+2s-1)}{s(m+s+1)}$	Frakt.-Nr. s
1	1,3802	1,3802	1,3979	1,3802	1
2	1,0607	1,0969	1,1461	1,1303	2
3	0,8653	0,9379	1,0153	1,0011	3
4	0,7202	0,8293	0,9321	0,9192	4
5	0,6021	0,7482	0,8739	0,8622	5
6	0,5006	0,6842	0,8309	0,8203	6
7	0,4102	0,6320	0,7978	0,7880	7
8	0,3274	0,5883	0,7716	0,7627	8
9	0,2499	0,5509	0,7503	0,7422	9
10	0,1761	0,5185	0,7329	0,7252	10
11	0,1047	0,4901	0,7183	0,7112	11
12	0,0348	0,4649	0,7060	0,6994	12
13	9,9652—10	0,4424	0,6955	0,6893	13
14	9,8953—10	0,4221	0,6864	0,6807	14
15	9,8239—10	0,4037	0,6785	0,6731	15
16	9,7501—10	0,3870	0,6717	0,6666	16
17	9,6726—10	0,3717	0,6657	0,6609	17
18	9,5898—10	0,3575	0,6603	0,6558	18
19	9,4994—10	0,3444	0,5554	0,6512	19
20	9,3979—10	0,3325	0,6513	0,6472	20
21	9,2798—10	0,3213	0,6474	0,6437	21
22	9,1347—10	0,3108	0,6441	0,6404	22
23	8,9393—10	0,3010	0,6410	0,6375	23
24	8,6198—10	0,2919			

Auch diese Formel läßt sich zur Berechnung theoretischer Kurven verwenden.

Soll nur der Inhalt der *oberen* oder *unteren* Phase berechnet werden (72) so gelten

$$\log X^{oben}_{n,\,r=0} = \log \frac{k}{k+1} - n \log (k+1) \qquad (30)$$

Tabelle 6. *Einzelwerte der theoretischen Kurven einer 24fachen Verteilung für verschiedene Verteilungskoeffizienten k und bei* $X = 100$. Nach LIEBERMAN (74).

r	k								
	0,7	0,75	0,8	0,9	1,0	1,1	1,2	1,5	2,0
0									
1									
2	0,0	0,0	0,0						
3	0,2	0,1	0,1	0,0	0,0				
4	0,8	0,5	0,3	0,1	0,1	0,0	0,0		
5	2,1	1,5	1,0	0,5	0,2	0,1	0,1		
6	4,7	3,5	2,6	1,5	0,8	0,4	0,2	0,0	
7	8,4	6,8	5,4	3,4	2,1	1,2	0,7	0,2	0,0
8	12,5	10,8	9,2	6,5	4,4	2,9	1,9	0,5	0,1
9	15,5	14,4	13,1	10,3	7,8	5,7	4,1	1,4	0,2
10	16,3	16,2	15,7	14,0	11,7	9,4	7,3	3,2	0,7
11	14,5	15,5	16,0	16,0	14,9	13,2	11,2	6,1	1,8
12	11,0	12,5	13,9	15,6	16,1	15,7	14,6	9,9	3,9
13	7,1	8,7	10,0	12,9	14,9	15,9	16,2	13,7	7,2
14	3,9	5,1	6,4	9,2	11,7	13,8	15,2	16,1	11,4
15	1,8	2,6	3,4	5,5	7,8	10,1	12,2	16,1	15,2
16	0,7	1,1	1,5	3,4	4,4	6,2	8,2	13,6	17,1
17	0,2	0,3	0,6	1,4	2,1	3,2	4,6	9,6	16,1
18	0,0	0,1	0,2	0,5	0,8	1,4	2,2	5,6	12,5
19		0,0	0,0	0,1	0,2	0,5	0,8	2,6	7,9
20				0,0	0,1	0,1	0,2	1,0	3,9
21					0,0	0,0	0,1	0,3	1,5
22							0,0	0,1	0,4
23								0,0	0,1
24									0,0

Tabelle 7. *Lagen der Verteilungsmaxima für verschiedene Verteilungskoeffizienten bei 8-, 24- und 48facher Verteilung.* Nach LIEBERMAN (74).

n			k	n			k	n			k
8	24	48		8	24	48		8	24	48	
0	0	0	0,023	3	9	18	0,614		17	34	2,33
	1	2	0,065		10	20	0,725	6	18	36	2,84
	2	4	0,101		11	22	0,852		19	38	3,53
1	3	6	0,163	4	12	24	1,0		20	40	4,61
	4	8	0,217		13	26	1,17	7	21	42	6,12
	5	10	0,283		14	28	1,38		22	44	8,91
2	6	12	0,352	5	15	30	1,63		23	46	15,3
	7	14	0,430		16	32	1,94	8	24	48	43,2
	8	16	0,515								

und

$$\log X_{n,\,r\,=\,0}^{unten} = -\,(n+1)\log(k+1) \tag{31}$$

als Anfangsglieder. Für die folgenden Glieder verwendet man dann wieder die Additionsformel (27).

Der seither beschriebenen Binomialformeln bzw. ihrer logarithmischen Vereinfachungen bedient man sich zur Berechnung der theoretischen Kurven einer Gegenstromverteilung bis zu 24 Verteilungsschritten oder weniger, oder wenn unsymmetrische Kurven dadurch erhalten wurden, daß die Substanz entweder einen sehr kleinen oder sehr großen Verteilungskoeffizienten aufweist und in Röhrchen 0 oder dem letzten Röhrchen Substanz vorhanden ist.

Bei einer über 24 Verteilungsschritte hinausgehenden Gegenstromverteilung kann zur Berechnung der theoretischen Kurven auch eine Formel verwendet werden, die sich aus der Wahrscheinlichkeitsrechnung ergibt und mit großer Annäherung, wenn auch nicht ganz exakt, gültig ist. Zu ihrer Verwendung gehen wir vom Kurven*maximum* aus, für das sich der gesamte Röhrcheninhalt zu

$$\boxed{X_{\max} = \frac{1}{\sqrt{2\pi n x y}}} \tag{32}$$

ergibt. Wir können als Folgerung aus (22)

$$x \cdot y = \frac{k}{(k+1)^2}$$

setzen. Für die Gesamtinhalte der Röhrchen die a-Gefäße beiderseits vom Gefäß des Maximums der Kurve entfernt sind, gilt die Formel

$$\boxed{X_{n,\,a} = X_{\max} \cdot e^{-\frac{a^2}{2\pi n x \cdot y}}} \tag{33}$$

Als Hilfsmittel für Verteilungen nach dem Grundprozeß dienen die Tabellen 6 und 7. Tabelle 6 gibt für eine 24fache Verteilung die Werte der zugehörigen theoretischen Kurven für einige Verteilungskoeffizienten wieder (bezogen auf $X = 100$). Tabelle 7 enthält die Lagen der Verteilungsmaxima für verschiedene Verteilungskoeffizienten bei 8-, 24- und 48facher Gegenstromverteilung.

2. Berechnung des Verteilungskoeffizienten.

Die Berechnung von k aus $r_{\max}$ (das Röhrchen, in dem die Substanzkonzentration am höchsten ist) erfolgt nach LIEBERMAN (74) derart, daß man Gl. (26) zur Basis e logarithmiert, differenziert, den Differentialquotienten gleich 0 setzt und das Ergebnis in Reihe entwickelt. Im allgemeinen führt ein einfacheres Verfahren eher zum Ziel. Bedenkt man, daß die beiden Fraktionen diesseits und jenseits des Kurvengipfels der Gleichung

$$X_{n,\,r} = X_{n,\,r-1}$$

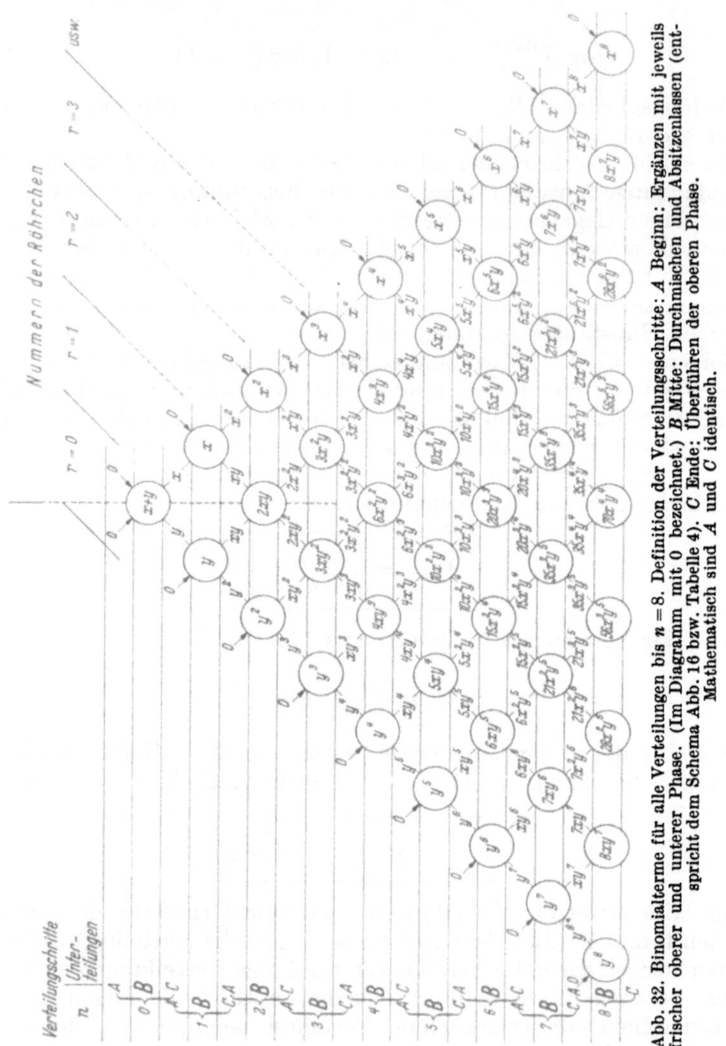

Abb. 32. Binomialterme für alle Verteilungen bis $n = 8$. Definition der Verteilungsschritte: A Beginn: Ergänzen mit jeweils frischer oberer und unterer Phase. (Im Diagramm mit 0 bezeichnet.) B Mitte: Durchmischen und Absitzenlassen (entspricht dem Schema Abb. 16 bzw. Tabelle 4). C Ende: Überführen der oberen Phase. Mathematisch sind A und C identisch.

genügen, folgt

$$k = \frac{r'_{\max}}{n - r'_{\max} + 1} \tag{34}$$

$$r'_{\max} = \frac{2\,r_{\max} + 1}{2}. \tag{35}$$

Für symmetrische Kurven ist das Ergebnis von (34) und (35) exakt, für unsymmetrische gilt es in erster Annäherung.

3. Mathematische Übersicht über die einzelnen Verteilungsmethoden.

Das in Anlehnung an eine Darstellung von BUSH und DENSEN aufgestellte Schema der Abb. 32 bringt die Grundlagen für das Verständnis der Formeln, die die im vorherigen Abschnitt besprochenen verschiedenen Verteilungsmethoden mathematisch wiedergeben.

Das Schema enthält zunächst kreisförmig umrandet auf den jeweils mit B bezeichneten Linien die Binomialterme für alle Verteilungen bis $n = 8$. Man gewinnt leicht den Anschluß an dieses Schema, wenn man es mit der Abb. 16 vergleicht. Die dort in den Reihen 0 bis 8 stehenden numerischen Größen entsprechen den Formeln in den mit B bezeichneten Reihen. Man kann dieses Schema leicht für alle größeren Zahlen von n ergänzen. Jeder Verteilungsschritt besteht aber aus mehreren Manipulationen, die in der Legende zur Abb. 32 näher bezeichnet sind. Jede dieser Manipulationen ist hier mathematisch berücksichtigt, wobei die mit A und C bezeichneten sich durch die gleichen Formeln ausdrücken lassen. Die in den Linien AC bzw. CA stehenden Formeln sind also die Terme der *einzelnen* Phasen jeder Verteilungseinheit. Wir müssen diese hier anführen, weil bei den neben dem Grundprozeß bestehenden komplizierteren Verteilungsmethoden eine Verteilungseinheit nicht immer als Ganzes, d.h. aus oberer *und* unterer Phase bestehend dargestellt wird sondern zuweilen nur durch eine obere *oder* untere Phase.

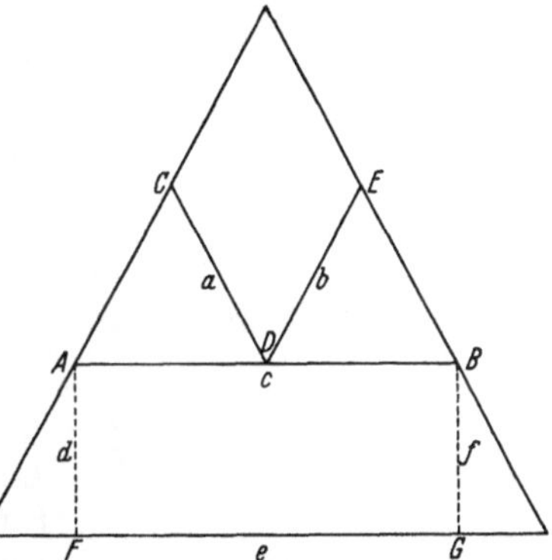

Abb. 33. Kurzschema des Richtungsverlaufs der verschiedenen Verteilungsmethoden in Abb. 32. AB Richtung des Grundprozesses, Formel c. ADE Richtung der einphasigen Entnahme oberer Phase, Formel $c + b$. CDB Richtung der einphasigen Entnahme der unteren Phase, Formel $a + c$. CDE Richtung der zweiphasigen Entnahme, Formel $a + b$. $AFGB$ Richtung der wechselphasigen Entnahme, Formel $d + e + f$.

Bevor wir aus diesem Gesamtschema die einzelnen Schemata für die verschiedenen Verteilungsmethoden ablesen, müssen wir noch folgende Bezeichnungen einführen:

$n =$ Anzahl sämtlicher vorgenommenen Verteilungsschritte;

$m =$ Anzahl der Verteilungsschritte des Grundprozesses;

$r =$ Nummer der Einheit, wenn die Numerierung von *links nach rechts* im Schema erfolgt, Beginn mit 0;

$s =$ Nummer der Einheit, wenn die Numerierung von *rechts nach links* im Schema erfolgt, Beginn mit 0;

$z =$ Anzahl der verwendeten Verteilungseinheiten;

$a =$ Nummer der Einheit, nach der sich der Richtungsablauf der Verteilung ändert;

$x =$ Substanzmenge in der oberen Phase;

$y =$ Substanzmenge in der unteren Phase;

$X =$ Gesamtsubstanzmenge.

Für x und y können zur Berechnung theoretischer Kurven auch die Formeln (22) verwandt werden.

Wie man aus dem Gesamtschema den Richtungsverlauf der einzelnen Verteilungsmethoden gewinnen kann, ergibt sich aus dem Kurzschema in Abb. 33 und seiner Legende. Man sieht leicht ein, daß die Formel für den Grundprozeß ein einziger Ausdruck ist, während die Formeln für die anderen Verteilungsmethoden zusammengesetzt sein müssen. Einzelne Formeln treten mehrmals in verschiedenen Zusammensetzungen auf, da in dem Gesamtablauf der komplizierteren Verteilungsverfahren einige Richtungen sich wiederholen. Der Ablauf der Verteilung ist bei allen Methoden von links nach rechts.

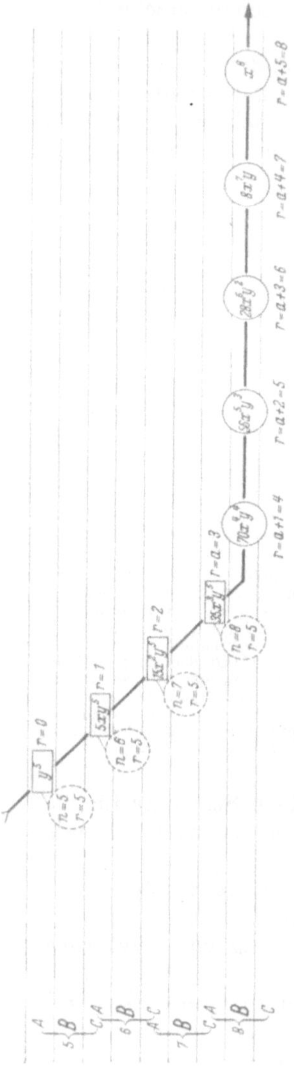

Nach der Orientierung an Hand des Kurzschemas ziehen wir jetzt aus dem Gesamtschema den Richtungsablauf und die Terme für die einzelnen Verteilungsmethoden heraus, die in den Abb. 34—37 wiedergegeben sind.

Die Methode der einphasigen Entnahme der oberen Phase nehmen wir als Beispiel dafür, wie aus dem großen Schema das Einzelschema gewonnen wird. Wir haben z. B. $z=5$ und daher $m=4$. Wir wollen eine Gesamtverteilung von $n=8$ durchführen. Die erste ausfließende Phase hat also fünf Verteilungen hinter sich und entspricht daher dem Term der oberen Phase in der 5., d. h. letzten Einheit einer 5fachen Verteilung, also x^5. Die zweite ausfließende Phase entspricht dem Term einer oberen Phase in der 5. Einheit, d. h. der vorletzten einer 6fachen Verteilung, also $5x^5y$. Die dritte entnommene Phase entspricht der oberen Phase der 5. Einheit einer 7fachen Verteilung, also $15x^5y^2$. Die vierte entnommene Phase entspricht der 5. Einheit einer 8fachen Verteilung, also $35x^5y^3$. Wenn man dieses Bildungsgesetz und die Einzelschemata der Abb. 34—37 durcharbeitet, ist es leicht, für alle Verteilungsmethoden und gewünschten Verteilungsschritte die Terme abzulesen.

Abb. 34. Termschema für die einphasige Entnahme der unteren Phase ($n=8$, $z=5$).

Für jede der in den Schemata der Abb. 34—37 eingeschlagenen Richtungen ergibt sich ein Summenformelteil. Wie diese Formeln abgeleitet werden und wie insbesondere die die Rechnung vereinfachenden logarithmischen Ausdrücke gewonnen werden, wollen wir hier nicht anführen (vgl. hierzu (72)]. Tabelle 8 bringt nun eine Zusammenstellung der die einzelnen Verteilungsmethoden mathematisch wiedergebenden

Additionsformeln. Bei den komplizierteren Verfahren wird das Anfangsglied auch Übergangsglied genannt. Einige laufende Terme der Tabellen 8
und 10 sind in Tabelle 5 ausgerechnet wiedergegeben.

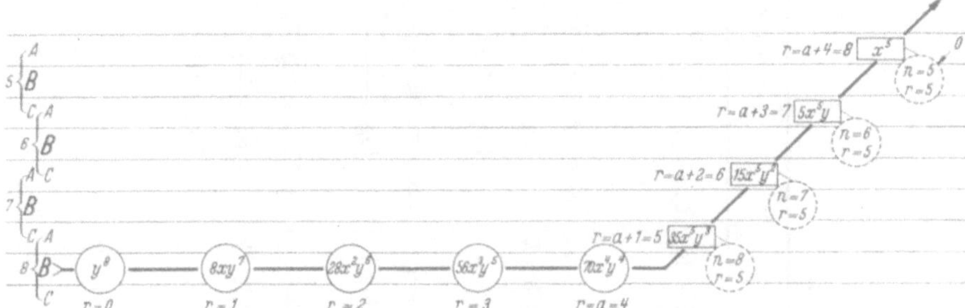

Abb. 35. Termschema für die einphasige Entnahme der oberen Phase ($n = 8$, $z = 5$).

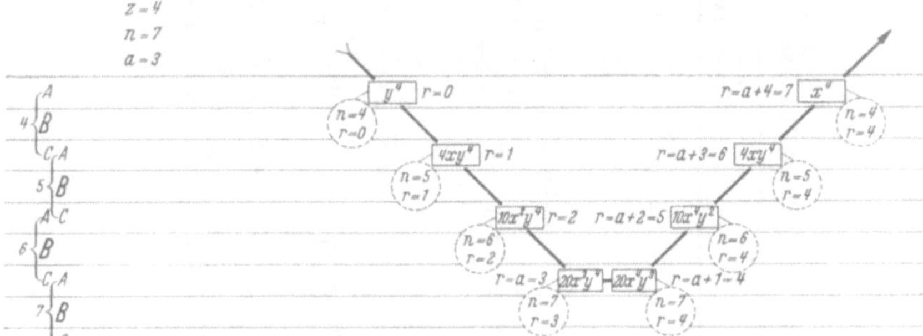

Abb. 36. Termschema für die zweiphasige Entnahme ($n = 7$, $z = 4$).

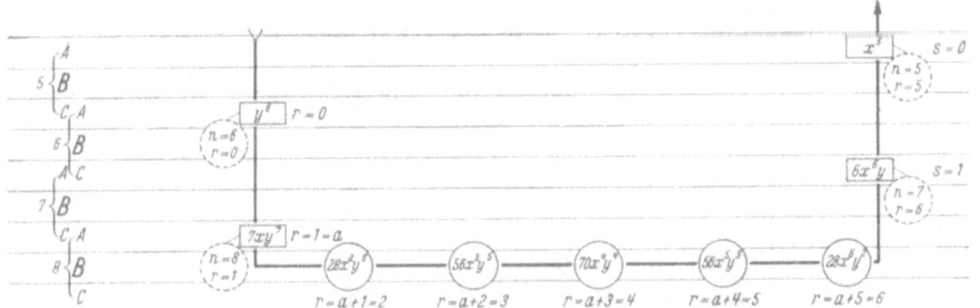

Abb. 37. Termschema für die wechselphasige Entnahme ($n = 8$, $m = 4$, $z = 5$).

4. Mathematische Behandlung der wechselphasigen Entnahme.

Die Formeln gelten nur unter den folgenden Voraussetzungen:

a) Die erste entnommene Fraktion muß eine obere Phase sein;

b) gleichviel obere und untere Phasen müssen entnommen werden;

c) die Zahl der auf einer Seite entnommenen Phasen darf nicht
größer sein als die Zahl der vorhandenen Einheiten.

Für die entnommenen leichten und schweren Phasen gelten die
Formeln der Tabelle 9. Der Mittelteil der Verteilung läßt sich nicht,

Tabelle 8. *Additionsformeln der verschiedenen Verteilungsmethoden.*

Methode	Anfangsglied	$r \leqq a$	$r = a + 1$ Übergangsglied	$r \geqq a + 2$
Grundprozeß	$\log X_0 = - n \log (k+1)$	$\log X_{n,r} = \log \dfrac{n+1-r}{r} + \log k + \log X_{n,r-1}\ldots$		
Einphasige Entnahme oberer Phase	$\log X_0 = - n \log (k+1)$	$\log X_{n,r} = \log \dfrac{n+1-r}{r} +$ $+ \log k + \log X_{n,r-1}$	$\log X_{a+1} = \log X_{n,a} +$ $+ \log \dfrac{n+1-r}{n+1+a-r} + \log k$	$\log X_{n,r} = \log X_{n,r-1} +$ $+ \log \dfrac{n+1-r}{n+1+a-r} +$ $+ \log (k+1)$
Einphasige Entnahme unterer Phase	$\log X_0 =$ $= (m+1) \log \left(\dfrac{1}{k+1} \right)$	$\log X_{m,r} = \log X_{m,r-1} +$ $+ \log \dfrac{m+r}{r} + \log \dfrac{k}{k+1}$	$\log X_{m,a+1} = \log X_{m,a} +$ $+ \log \dfrac{m+r}{r} + \log k$	$\log_{n,r} = \log X_{n,r-1} +$ $+ \log \dfrac{n+1-r}{r} + \log k$
Zweiphasige Entnahme	$\log X_0 =$ $= (m+1) \log \dfrac{1}{k+1}$	$\log X_{m,r} = \log_{m,r-1} +$ $+ \log \dfrac{m+r}{r} + \log \dfrac{k}{'k+1}$	$\log X_{a+1} = \log X_{n,a} +$ $+ \log \dfrac{n+1-r}{n+1+a-r} + \log k$	$\log X_{n,r} = \log X_{n,r-1} +$ $+ \log \dfrac{n+1-r}{n+1+a-r} +$ $+ \log (k+1)$

Tabelle 9. *Additionsformeln für entnommene leichte und schwere Phasen, gültig für die Methode der wechselphasigen Entnahme.*

$r \gtreqless a$ entnommene schwere Phasen	$s \leqq a$ entnommene leichte Phasen
Anfangsglied $\log X_{m,\,r=0} = (m+2)\log\dfrac{1}{1+k}$	$\log X_{m,\,s=0} = (m+1)\log\dfrac{k}{k+1}$
Laufender Term $\log X_{m,\,r} = \log X_{m,\,r-1} +$ $+ \log\dfrac{(m+2r+1)(m+2r)}{r(m+r+2)} +$ $+ \log\dfrac{k}{(k+1)^2}$	$\log X_{m,\,s} = \log X_{m,\,s-1} +$ $+ \log\dfrac{(m+2s)(m+2s-1)}{s(m+s+1)} +$ $+ \log\dfrac{k}{(k+1)^2}$

wie man vermuten könnte, nach dem Grundprozeß berechnen, sondern es müssen Korrekturglieder eingeführt werden *(72)*.

Die korrigierte Formel lautet

$$T_{n,\,r} = T'_{n,\,r} - t'_{n,\,r} - t''_{n,\,r} \tag{36}$$

und in Reihe entwickelt

$$T_{n,\,r} = \frac{n!}{r!\,(n-r)!} \cdot \frac{k^r}{(k+1)^n} - \frac{n!}{(2a-r)!\,(n-2a+r)!} \cdot \frac{k^r}{(k+1)^n} -$$
$$- \frac{n!}{(r-m-1)!\,(n-r+m+1)!} \cdot \frac{k^r}{(k+1)^n}. \tag{37}$$

Hierbei ist

$$n = m + 2a + 2 \quad \text{und} \quad a + 1 \leqq r \leqq m + a + 1.$$

In der Tabelle 10 sind für die einzelnen Werte von T', t' und t'' die entsprechenden Additionsformeln mit ihren Anfangsgliedern aufgeführt. An Stelle der Anfangsglieder ist auch ein Übergangsglied brauchbar, in welches der Logarithmus der zuletzt entzogenen Fraktion $r = a$ der entnommenen schweren Phase eingeht um den ersten Term des Mittelteiles zu berechnen. Dieses Übergangsglied ist ebenfalls in den Tabellen 8 und 10 angegeben.

5. Mathematische Behandlung der Kaskadenmethode von KIES und DAVIS.

Der Berechnung *(69)* liegt folgende vereinfachende Annahme zugrunde: 1. Die mobile Phase verliert beim Durchtritt durch die stationären Phasen jeder Kaskadeneinheit nicht an Volumen (absolute gegenseitige Absättigung der Phasen, Vermeiden von Verdunstungsverlusten), 2. es stellt sich ein vollständiges Verteilungsgleichgewicht der Substanz zwischen beiden Phasen jeder Kaskadeneinheit ein.

Die erste Einheit wird mit $r = 0$, die zweite mit $r = 1$ bezeichnet usw.

Diese Art des Trennverfahrens folgt der POISSONschen Verteilung, jedoch ist die Ableitung der sie wiedergebenden Formeln etwas abweichend.

Tabelle 10. *Additionsformeln für die Glieder der nach den Gln. (36) und (37) korrigierten Formeln.*

Glied	Anfangsterm	Übergangsterm	Laufender Term
$T'_{n,r}$	$\log T'_{n,a+1} = \log n! - \log (a+1)! -$ $- \log (n-a-1)! + (a+1)\log \dfrac{k}{k+1} +$ $+ (n-a-1)\log \dfrac{1}{k+1}$	$\log T'_{n,r=a+1} = \log T_{m,r=a} +$ $+ \log \dfrac{(m+2a+2)(m+a+2)}{(m+2)(a+1)} +$ $+ \log k$	$\log T'_{n,r} = \log T'_{n,r-1} +$ $+ \log \dfrac{n+1-r}{r} + \log k$
$t'_{n,r}$	$\log t'_{n,a+1} = \log n! - \log (a-1)! -$ $- \log (m+a+3)! + (a+1)\log \dfrac{k}{k+1} +$ $+ (m+a+1)\log \dfrac{1}{k+1}$	$\log t'_{n,r=a+1} = \log T_{m,r=a} +$ $+ \log \dfrac{(m+2a+2)\,a}{(m+2)(m+a+3)} + \log k$	$\log t'_{n,r} = \log_{n,r-1} +$ $+ \log \dfrac{m+2+r}{2a+1-r} - \log \dfrac{1}{k}$ für $a+m+1 \geqq r \geqq a+2$
$t''_{n,r}$	$\log t''_{n,r=m+1} = (m+1)\log \dfrac{k}{k+1} +$ $+ (n-m-1)\log \dfrac{1}{k+1}$		$\log t''_{n,r} = \log t''_{n,r-1} +$ $+ \log \dfrac{n+m+2-r}{r-m-1} + \log k$

Die Gleichung lautet

$$X_r = \frac{\left(\dfrac{k \cdot v}{V}\right)^r \cdot e^{-\dfrac{k \cdot v}{V}}}{r!} \, . \tag{38}$$

Hier ist X_r wieder die Substanzmenge in der Kaskadeneinheit r, $k =$ Verteilungskoeffizient, $v = Gesamt$volumen der mobilen Phase (die Flüssigkeitsmenge also, die während des Verteilungsvorgangs durch die gesamte Apparatur hindurchläuft), $V =$ Gesamtvolumen der stationären Phase. Diese Formel beruht auf der Voraussetzung, daß in die erste Kaskadeneinheit $r = 0$ bei Beginn der Verteilung die Substanzmenge $X_0 = 100$ eingeführt wird.

6. Superposition von theoretischen und experimentellen Kurven.

Die nach einem der vorher beschriebenen mathematischen Verfahren berechneten Kurven decken sich zunächst noch nicht mit den experimentell erhaltenen. Die Werte für die ersteren erhielt man ja, indem $X = 1$ gesetzt wurde. In den seltensten Fällen wird man jedoch die in Rohr 0 eingeführte Substanzmenge $X = 1$ wählen können. Da alle Werte der experimentellen und theoretischen Kurven sich durch den gleichen Faktor voneinander unterscheiden, muß man diesen zunächst berechnen. Man erhält ihn, indem man den graphisch ermittelten experimentellen Maximalwert X_{max}^{exp} durch den theoretischen Maximalwert X_{max}^{theor} dividiert:

$$\frac{X_{max}^{exp}}{X_{max}^{theor}} = F \, . \tag{39}$$

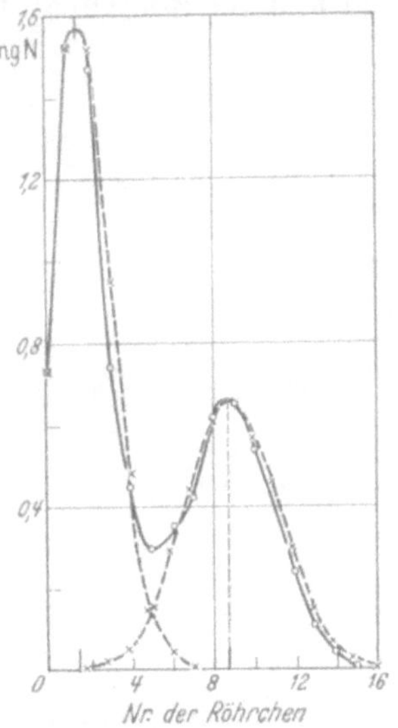

Abb. 38. Gegenstromverteilung eines Gemisches von L-Arginin und L-Arginin-methylester im Verteilungssystem 5% Laurinsäure in Butanol/15% Natriumacetat in Wasser. $T = 19,5°$ C. o–o experimentelle, ×---× theoretische Kurve. Nach RAUEN, STAMM und FELIX (15).

Sämtliche Ordinatenwerte der theoretischen Kurve werden dann mit F multipliziert, wonach die Einzelwerte der so errechneten theoretischen Kurve in das Koordinatensystem zur experimentellen Kurve eingetragen werden. Als Beispiel für die Übereinstimmung solcher Kurven sei in Abb. 38 die Verteilung einer Mischung von L-Arginin und L-Arginin-methylester angeführt. Man sieht, daß die experimentelle Kurve des Stoffgemisches sich durch Summe der beiden theoretischen Kurven für die beiden Komponenten ergibt. So erhält man auch den prozentualen Anteil der Komponenten, indem man die von den theoretischen Kurven eingenommenen Flächen miteinander in Beziehung setzt.

VIII. Die Leistungsfähigkeit der Gegenstromverteilung.

Man erlaube uns, noch einmal einfach zu beginnen: Verteilt man eine einheitliche, „reine" Substanz in einem als geeignet befundenen

Phasensystem nach dem Grundprozeß, so erhält man eine Verteilungskurve. Diese ist entweder unsymmetrisch oder symmetrisch. In der letzteren Form ähnelt sie der GAUSSschen Gleichverteilungskurve. Die Lage des Kurvenmaximums über der Abszisse ist ein Charakteristikum für die betreffende Substanz, da sie eine Funktion des Verteilungskoeffizienten dieser Verbindung in dem angewandten Phasensystem und bei der Versuchstemperatur ist. Bei einer Gesamtzahl von n-Verteilungen (d.h. $n+1$ Röhrchen), lautet diese Beziehung zwischen r_{max}, dem Röhrchen, das dem Maximum entspricht, und k (73):

$$r_{max} = n \left(\frac{k}{k+1} \right). \qquad (40)$$

Diese Formel ist nur annähernd gültig, und nicht anwendbar für weniger als 20 Verteilungen und k-Werte, die stark von 1 abweichen.

Abb. 39 zeigt eine Schar von theoretischen Verteilungskurven nach 24facher Verteilung mit den dazugehörigen Verteilungskoeffizienten von $k = 0{,}01$ bis $k = 1{,}0$ (75). Die Kurven mit höherem Verteilungskoeffizienten sind spiegelbildlich zu den gezeichneten nach der rechten Seite des Diagramms zu liegend.

Handelt es sich nicht um eine einheitliche Substanz, so bildet jede der Komponenten im Prinzip ihre eigene Verteilungskurve, in den meisten Fällen unbeeinflußt durch die Anwesenheit der anderen Stoffe. Störmomente wurden früher beschrieben, und wir wollen solche jetzt nicht annehmen. Die sich ergebende Verteilungskurve ist also die Summation von mehreren theoretischen Kurven.

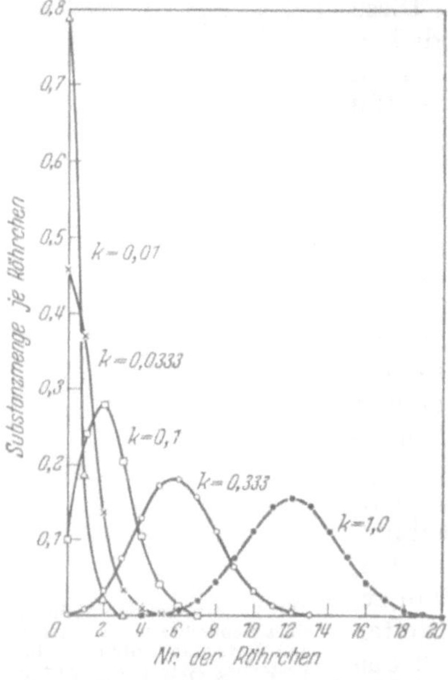

Abb. 39. Theoretische Kurven für eine 24fache Verteilung mit den Verteilungskoeffizienten von 0,01—1,0. Nach GREGORY und CRAIG (75).

Wir fragen uns nun, was eine experimentelle Verteilungskurve aussagen kann. Erhält man schon mit wenigen Verteilungsschritten eine uneinheitliche Verteilungskurve, so handelt es sich evident um eine Mischverteilung; die Anzahl der sich deutlich abhebenden Kurvenmaxima gibt aber nur die *Minimal*zahl an Komponenten an. Erhält man dagegen eine theoretische Kurve, so bleibt es dennoch fraglich, ob die verteilte Substanz einheitlich ist. In beiden Fällen muß man mit der Möglichkeit rechnen, daß die einem Kurvengipfel entsprechende Substanz aus mindestens zwei Komponenten mit nahezu gleichen Verteilungskoeffizienten besteht. Man tut gut daran, sich nicht immer auf ein einziges Verteilungssystem zu verlassen, sondern mit mehreren zu operieren. Erhält man dann mit allen Systemen schöne theoretische Kurven, so steigt die Wahrscheinlichkeit, daß die Substanz „rein" ist. Doch auch für den Fall, daß nur ein Verteilungssystem zur Verfügung steht, läßt sich die Wahrscheinlichkeit der Aussage erhöhen. Dies geschieht durch *Vermehrung der Anzahl der Verteilungsschritte.*

Bei Annahme von $k = 1$ erhalten wir mit zunehmender Anzahl von Verteilungsschritten von links nach rechts wandernde Verteilungskurven, deren Maxima jeweils über der halben Anzahl von Abszisseneinheiten liegen. Die Kurven werden flacher und breiter, wie Abb. 40 deutlich zeigt, die Kurvenflächen bleiben jedoch gleich. Die ebenfalls dort aufgeführte kleine Tabelle gibt eine Übersicht, über welche Anzahl von Röhrchen sich die Basisbreiten der Kurven erstrecken. Sie zeigt, daß die Basisbreite nicht im gleichen Verhältnis wächst wie die Gesamtzahl der Verteilungsschritte. Das heißt

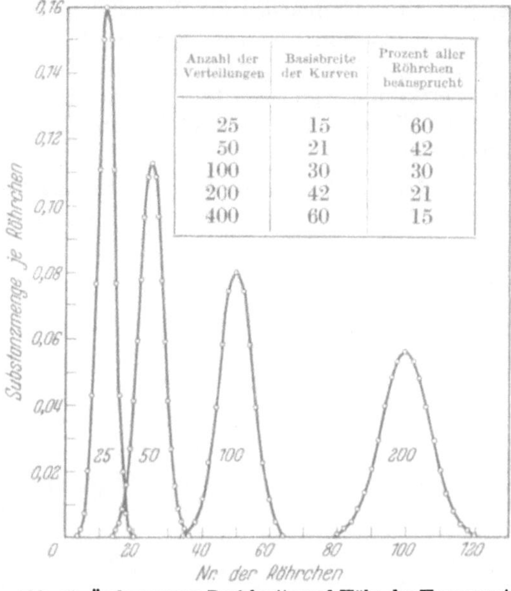

Anzahl der Verteilungen	Basisbreite der Kurven	Prozent aller Röhrchen beansprucht
25	15	60
50	21	42
100	30	30
200	42	21
400	60	15

Abb. 40. Änderung von Basisbreite und Höhe der Kurven mit der Anzahl der Verteilungen. Nach GREGORY und CRAIG (75).

aber, daß die Basisbreiten der Kurven mit steigender Anzahl von Verteilungsschritten *relativ schmaler werden.* Das ist für die Trennbarkeit eines Zwei- oder Mehrkomponentengemisches von Bedeutung, denn mit steigender Verteilungszahl gibt es für die Ausbildung von diskreten Kurven immer mehr Platz. Dies illustriert Abb. 41. Das untere Diagramm zeigt die theoretische Verteilungskurve eines Dreikomponentengemisches mit den k-Werten 0,5, 1,0 und 2,0 nach 100 Verteilungen. Die Einzelkurven überlappen sich und die (ausgezogen gezeichnete) Gesamtkurve zeigt drei Maxima und zwei Minima. Nach 1000 Verteilungen haben sich die drei Komponenten deutlich voneinander getrennt und ihre Basisbreiten haben sich relativ verringert. Abb. 42 demonstriert den Effekt der höheren Anzahl von Verteilungsschritten auf die Trennung am

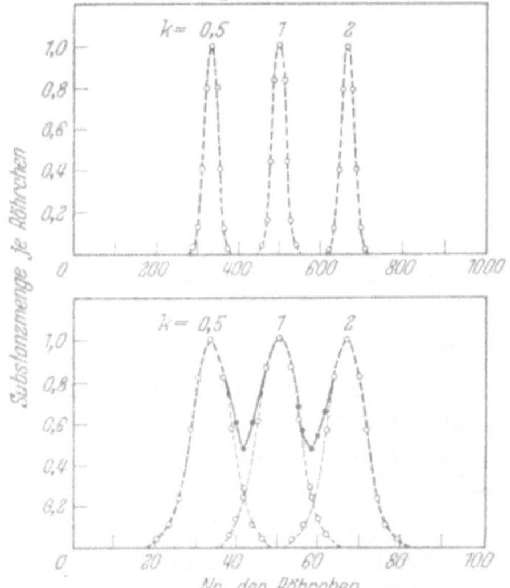

Abb. 41. Theoretische Verteilungskurven für ein Dreikomponentengemisch. Unten: 100 Verteilungen; oben: 1000 Verteilungen. Nach CRAIG (76).

Beispiel eines Gemisches der Fettsäuren C_{12}—C_{18}. Besonders die Trennung von C_{16} und C_{18} wird mit 400 Verteilungen sehr viel deutlicher als mit 220. Das Diagramm zeigt auch, wie sich die Unterschiede in den Verteilungseigenschaften mit steigender Kettenlänge relativ verändern. Ein weiteres Beispiel für die Trennbarkeit von niederen Fettsäuren zeigt Abb. 54 auf S. 63.

Es erhebt sich nun die Frage, wieviele Verteilungsschritte zur Trennung eines gegebenen Zweikomponentengemisches bis zu einem bestimmten Trennungsgrad erforderlich sind. Als Kriterium für die Trennbarkeit eines solchen Gemisches führten wir auf S. 4 den Ausdruck

$$\beta = \frac{k_{X_1}}{k_{X_2}}$$

an (7), wobei β als „Trennfaktor" anzusehen ist. Wird $\beta = 1$, so ist die Trennung nicht möglich. Je mehr β von 1 abweicht, desto besser ist die Trennbarkeit. Die Beziehung zwischen β und der Anzahl von Verteilungen, die bis zu einem bestimmten Trennungsgrad erforderlich sind, zeigt Abb. 43. Man sieht, daß die Anzahl der Verteilungen mit fallendem β besonders im Bereich zwischen $\beta = 2$ bis $\beta = 1$ sehr stark ansteigt, um gegen den letzteren Wert im Unendlichen zu konvergieren.

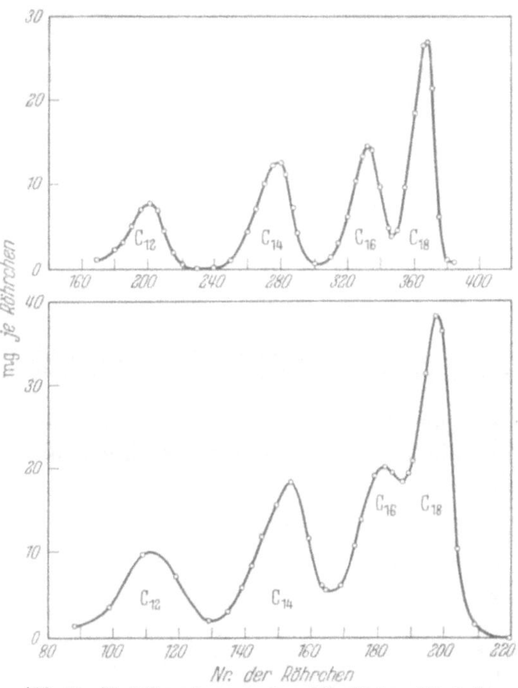

Abb. 42. Verteilungskurven eines künstlichen Gemisches der Fettsäuren C_{12} bis C_{18}. Unten: 220 Verteilungen; oben: 400 Verteilungen. Nach CRAIG (76).

Sind die Verteilungskoeffizienten der Komponenten eines Stoffgemisches im einzelnen nicht meßbar, so führt man zunächst eine Verteilung mit frei gewählter Anzahl von Verteilungsschritten durch. Aus der Lage der Maxima berechnet man dann nach Gl. (34), (35) oder (40) auf den S. 46 und 54 die k-Werte und bildet daraus dann die β-Werte.

Die durch Abb. 43 wiedergegebene Beziehung zwischen β und n ist von verschiedenen Autoren mathematisch behandelt worden [(77) bis (80), (93)].

Uns erscheint dabei die Ableitung nach HECKER (80) als die beste Lösung des Problems. Wir führen sie hier aus Gründen der Vereinfachung jedoch nicht näher an. Für die Praxis genügt es in den meisten Fällen, sich an die früher (S. 4) bzw. oben gegebenen Richtlinien zu halten.

Sind zwei Substanzen auf Grund der durch die aus Abb. 43 abgelesenen Mindestzahl von Verteilungsschritten getrennt und wiedergewonnen, so ist jede Komponente mehr als 93% rein.

Führt man die Verteilung zum Zwecke der präparativen Substanztrennung durch, so wird man möglichst viel Stoffgemisch vorlegen wollen. Ist die Konzentration im Röhrchen 0 jedoch zu hoch, so befindet man sich leicht nicht mehr innerhalb des Bereiches der Konstanz von k mit der Gesamtkonzentration an X. Diese Schwierigkeit kann man umgehen, indem man die Gesamtmenge an Substanz auf

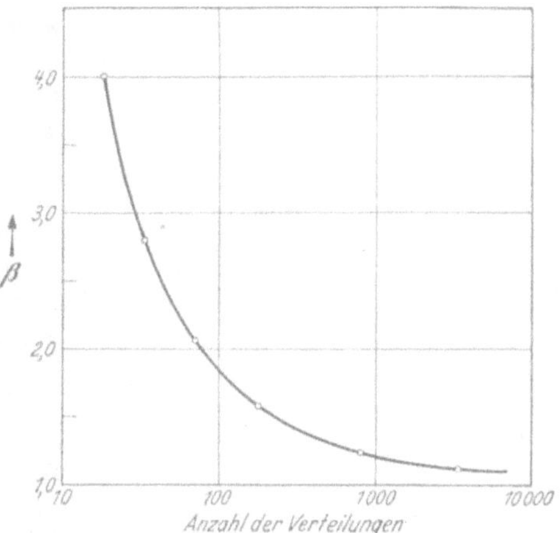

Abb. 43. Beziehung zwischen β und der zur optimalen Trennung notwendigen Anzahl von Verteilungen. Nach GREGORY und CRAIG (75).

mehrere Röhrchen der Verteilungsapparatur aufteilt. Für eine 100fache Verteilung ergibt sich für den Fall, daß die sieben ersten Röhrchen mit Substanz beschickt werden, die Kurvenschar in Abb. 44. Die ausgezogene Kurve B ist die Summe der sieben gestrichelt eingezeichneten Einzelverteilungen der Substanz für die sieben aufeinanderfolgenden ersten Röhrchen. Kurve A hätte sich ergeben, wenn die gesamte Substanz in Röhrchen 0 eingefüllt worden wäre, für den Fall des linearen Verlaufs der Verteilungsisothermen. Die Kurven A und B differieren kaum voneinander. Bei 100 Verteilungsschritten kann man also 5—7 Röhrchen beschicken.

Die seither besprochenen Trennkriterien (94) schließen ein, daß es sich um Stoffgemische mit jeweils größeren Prozentsätzen der einzelnen Komponenten handelt. Überwiegt eine Komponente beträchtlich, d.h.

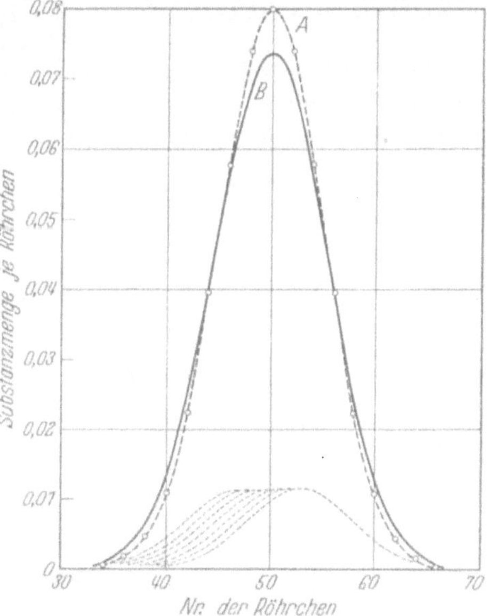

Abb. 44. Einfluß der Substanzeingabe in die ersten sieben Röhrchen der Apparatur auf den Gesamtverlauf der Gegenstromverteilung. Nach GREGORY und CRAIG (75).

ist die andere Komponente nur in ganz geringer Menge als Verunreinigung vorhanden, so bleibt noch zu diskutieren, welcher Prozentsatz an *Verunreinigung* sich mit einer gegebenen Anzahl von Verteilungen

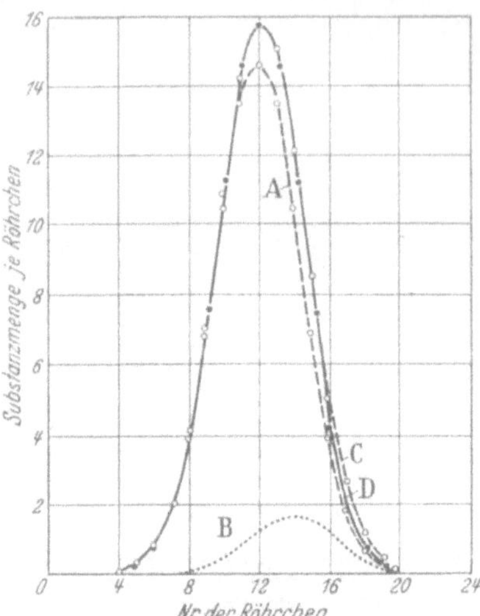

Abb. 45. Theoretische 24fache Gegenstromverteilung eines Gemisches aus 90% Verbindung A mit $k = 1,0$ und 10% Verbindung B mit $k = 1,4$. C = Summe von A und B; D berechnet für 100% Verbindung A. Nach BARRY, SATO und CRAIG (81).

noch nachweisen läßt. Hierbei nehmen wir wieder an, das Analysenverfahren spräche sowohl auf Haupt- als auch Nebenkomponente gleichermaßen und im selben Grade an. Ist dies nicht der Fall, so kann sich eine Verunreinigung schon allein dadurch dem Nachweis entziehen, daß das Analysenverfahren für sie etwas weniger empfindlich ist als für die Hauptkomponente.

Die Abb. 45 zeigt die theoretische 24fache Verteilung eines Komponentengemisches, bestehend aus 90% A mit $k = 1,0$ und 10% B mit $k = 1,4$. Die Kurve für 10% Substanz A hebt sich deutlich von der Kurve für $A + B$ ab. Abb. 46 gibt eine ganz ähnliche, jedoch 100fache Verteilung eines Komponentengemisches wieder, das aus 90% A mit $k = 1,0$ und 10% B mit $k = 1,2$ besteht. Auch hier ist der Unterschied zwischen der für 100% A und für das Gemisch berechneten Kurve deutlich. Ein entsprechendes Kurvenbild ergibt sich auch für die 1000fache Verteilung eines Stoffgemisches aus 90% A mit $k = 1,0$ und 10% B mit $k = 1,1$.

Aus diesen Berechnungen folgt (75), daß zum deutlichen Nachweis einer 10% betragenden Verunreinigung folgende Beziehungen zwischen β und n bestehen:

$$\beta = 1,4 \qquad n = \quad 24$$
$$1,2 \qquad\qquad 100$$
$$1,1 \qquad\qquad 1000.$$

Solch niedrige β-Werte findet man meist nur bei nahe verwandten Isomeren. Im allgemeinen ist β beträchtlich größer, so daß sich auch schon bei 24 Verteilungen geringere Prozentsätze an Verunreinigungen nachweisen lassen.

Bei allen seitherigen Überlegungen setzten wir

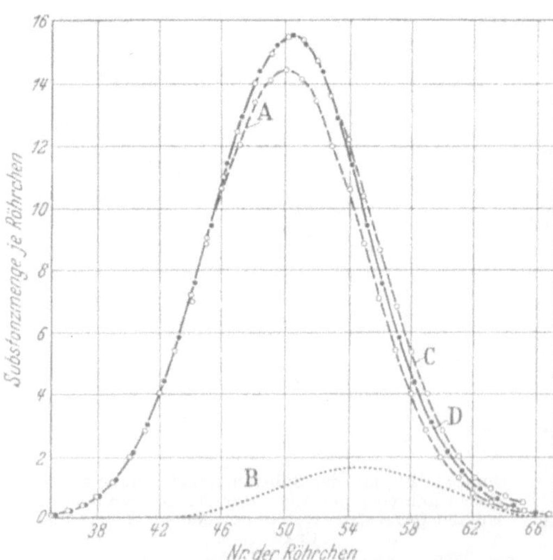

Abb. 46. Theoretische 100fache Gegenstromverteilung eines Gemisches aus 90% Verbindung A mit $k = 1,0$ und 10% Verbindung B mit $k = 1,2$. C = Summe von A und B; D berechnet für 100% Verbindung A. Nach BARRY, SATO und CRAIG (81).

stillschweigend voraus, daß das Verhältnis von oberer zu unterer Phase bei den Verteilungen 1 sei.

Der NERNSTsche Verteilungssatz, der die Grundlage dieses Verfahrens bildet, definiert dann k als das Verhältnis der Volumenkonzentrationen. Verändern wir jedoch das Verhältnis der Volumina, so verändern wir auch die sich in den Phasenvolumina befindlichen absoluten Mengen an Substanz. Man kann nun berechnen, daß die bestmögliche Substanztrennung dann erreicht wird, wenn

$$\boxed{R \cdot \sqrt{k_{X_1} \cdot k_{X_2}} = 1} \tag{41}$$

wird. R bedeutet das Volumenverhältnis. Ist das geometrische Mittel der Verteilungskoeffizienten nicht 1, so wählt man das Volumenverhältnis entsprechend, bis diese Bedingung erfüllt ist. Auf diese Weise erreicht man dann eine genügende Substanztrennung mit einem Minimum an Verteilungsschritten, jedoch unterschiedlichen Phasenvolumina. Diese zu variieren, kann man nur mit entsprechend eingerichteten Apparaturen, z.B. den Verteilungsröhrchen- bzw. Scheidetrichteraggregaten, unternehmen.

IX. Anwendungsbeispiele.
1. Synthetische Antimalariamittel.

Ein viel angewandtes Verfahren zur Untersuchung von Substanzen auf Verunreinigungen ist die Löslichkeitsmethode von NORTHROP und KUNITZ (*82*). Man gibt zu steigenden Mengen der Substanz gleiche Volumina eines geeigneten Lösemittels, so daß sich in einigen Ansätzen nicht alles löst, schüttelt gut bis zum Gleichgewicht zwischen Lösung und Bodensatz, filtriert und bestimmt in aliquoten Volumina die Trockensubstanz. Ist die Verbindung rein, so enthalten die Lösungsfraktionen nach

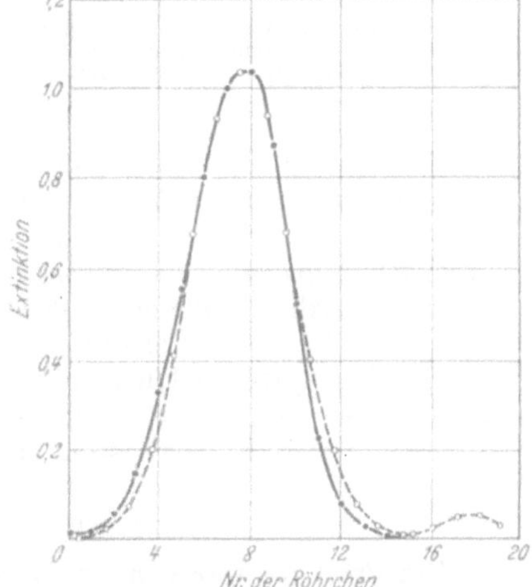

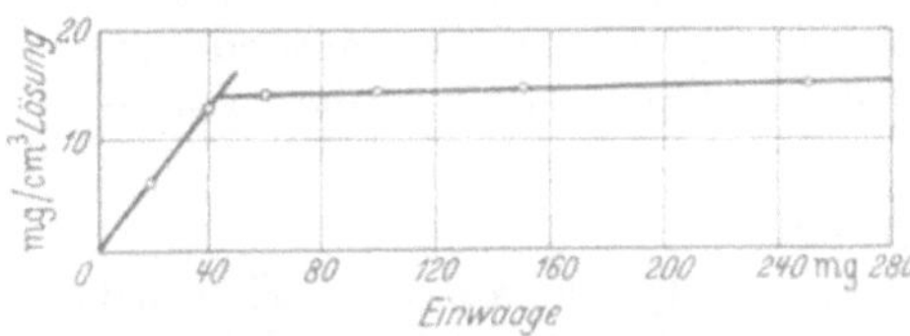

Abb. 47. Löslichkeitskurve eines unreinen synthetischen Antimalariamittels nach NORTHROP und KUNITZ. Nach CRAIG und Mitarbeitern (*10*).

Abb. 48. Gegenstromverteilungskurve der gleichen Substanz wie in Abb. 47. o----o experimentelle, ●—● theoretische Kurve. Nach CRAIG und Mitarbeitern (*10*).

dem Sättigungspunkt gleiche Mengen Substanz. Enthält sie geringe Mengen Verunreinigungen, so sind die Lösungen daran noch nicht gesättigt und nehmen auch nach Sättigung mit dem Hauptprodukt noch steigende Mengen Verunreinigungen auf. Man erhält dann Kurven von der in Abb. 47 wiedergegebenen Art. Diese wurde mit einem unreinen Antimalariamittel [7-Chlor-4-(4-diäthyl-amino-1-methyl-butylamino)-chinolindiphosphat] erhalten. Der Winkel der Geraden nach dem Knick-(Sättigungs-)punkt mit einer Parallelen zur Abszisse ist ein Maß für den Prozentsatz an Verunreinigung. Er betrug in diesem Falle $\sim$1,5%. Die Gegenstromverteilung dieses Stoffes im System $\sim$2 M. Phosphatpuffer p_H 6,54/Chloroform ergab die Kurve nach Abb. 48. Sie weicht deutlich von der theoretischen Kurve ab. Aus dieser Abweichung errechnete man die Verunreinigung zu 2,6%, d. h. etwa doppelt so viel wie mit der NORTHROP-KUNITZ-Methode. Aus den Röhrchen 16—19 wurde die Verunreinigung als kristallines Pikrat gewonnen. Es unterschied sich vom Pikrat der Hauptsubstanz in Röhrchen 9 in den Werten der Elementaranalyse und im Schmelzpunkt.

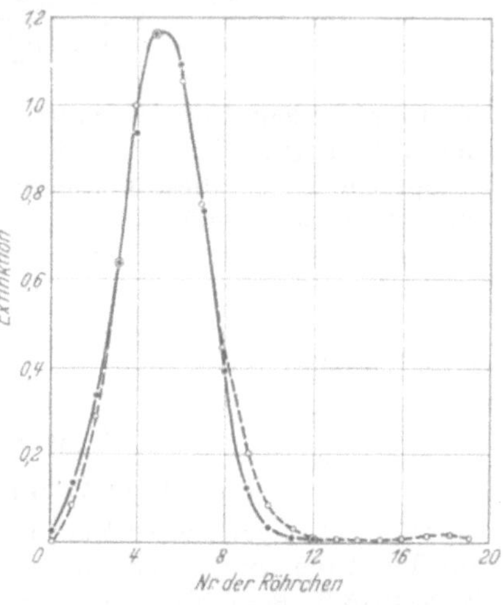

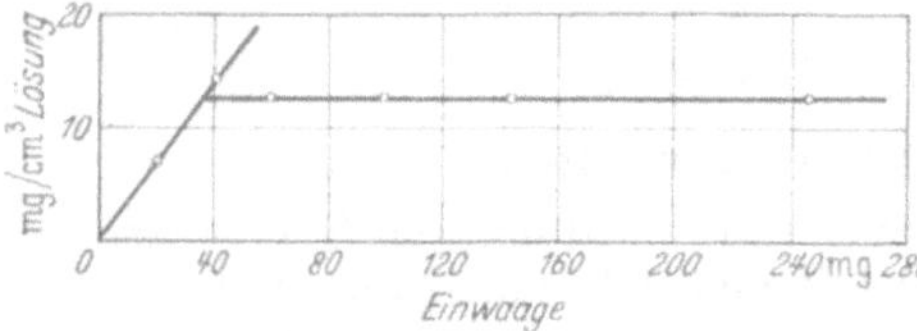

Abb. 49. Löslichkeitskurve eines reineren synthetischen Antimalariamittels nach NORTHROP und KUNITZ. Nach CRAIG und Mitarbeitern (10).

Abb. 50. Gegenstromverteilungskurve der gleichen Substanz wie in Abb. 49. o----o experimentelle, ●—● theoretische Kurve. Nach CRAIG und Mitarbeitern (10).

Eine andere Probe des gleichen Stoffes ergab eine Löslichkeitskurve (Abb. 49), nach deren Verlauf man die Verbindung als rein ansprechen würde. Jedoch zeigten sich auch hier geringe Abweichungen zwischen experimenteller und theoretischer Gegenstromverteilungskurve (Abb. 50). Verteilt wurde im gleichen Phasensystem. Aus diesen Unterschieden errechnete man die Verunreinigung zu etwa 0,5%.

In allen späteren Untersuchungen über Substanzreinheiten wurden mit der Gegenstromverteilung gegenüber der Löslichkeitsmethode von NORTHROP und KUNITZ stets doppelt so hohe Verunreinigungen gefunden!

2. Plasmochin.

Ein Präparat war vom analytischen Standpunkt aus rein. Es wurde als Hydrojodid mehrmals umkristallisiert. Als Citrat schmolz es bei 126 bis 128° C und ergab gut stimmende Werte für C und H. Verschiedentliches Umkristallisieren des Citrates änderte weder Schmelzpunkt noch Analysenwerte. 19fache Gegenstromverteilung im System Cyclohexan/2,1 M. Phosphatpuffer p_H 5,33 ergab die Kurve in Abb. 51, die deutlich von der theoretischen Kurve abweicht. Das Material aus den Röhrchen 15—19 wurde gesammelt und im gleichen Phasensystem erneut verteilt. Dieser Prozeß ergab die Kurve in Abb. 52. Aus dieser Kurve und den Abweichungen zwischen experimenteller und theoretischer Kurve in Abb. 51 errechnete sich die Verunreinigung zu etwa 1%. Wurde das Material aus Röhrchen 11 des ersten Arbeitsganges erneut verteilt, so erhielt man eine theoretische Kurve.

Das Citrat des Materials aus den Röhrchen 15 und 16 der zweiten Verteilung schmolz bei 136 bis 139° C, wogegen das Citrat der Substanz aus Röhrchen 12 der ersten Verteilung bei 126 bis 128° C schmolz

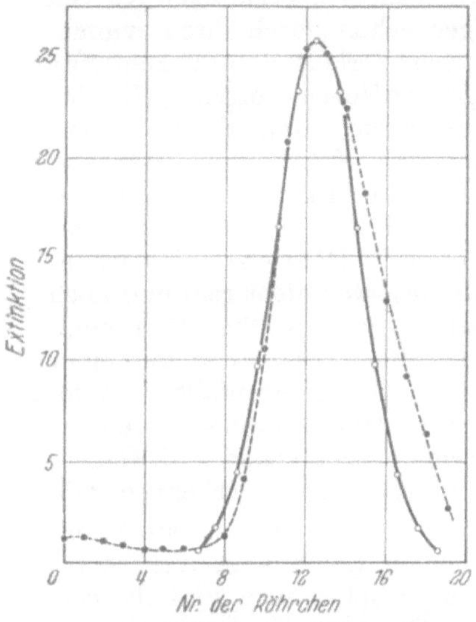

Abb. 51. Gegenstromverteilungskurve eines Plasmochinpräparates. ●-----● experimentelle, ○—○ theoretische Kurve. Nach CRAIG und Mitarbeitern (10).

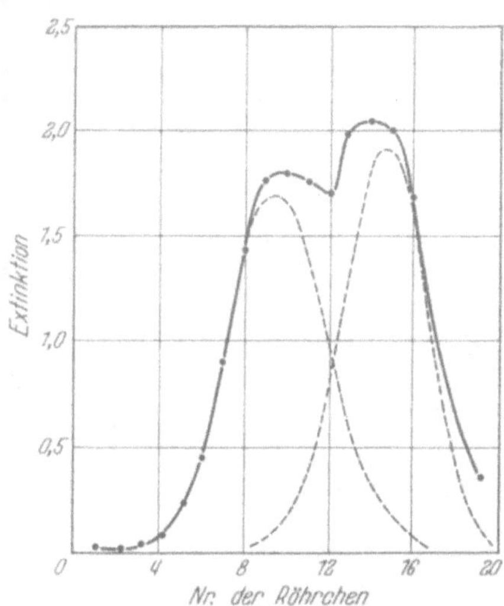

Abb. 52. Nochmalige Verteilung des Röhrcheninhaltes aus den Röhrchen 15—19 der in der Abb. 51 wiedergegebenen Verteilung im gleichen Phasensystem. ●—● experimentelle, ---- theoretische Kurven. Nach CRAIG und Mitarbeitern (10).

(Mischschmelzpunkte: 118 bis 133° C). Darauf wurde durch Synthesen bewiesen, daß der Substanz mit dem niedrigen Schmelzpunkt Formel I und der mit dem höheren Formel II zukommt.

Keines der untersuchten Antimalariamittel des Handels wurde übrigens als rein befunden, eine Tatsache, die im Hinblick auf pharmakologische Fragestellungen insofern von Bedeutung ist, als die Isomeren ganz unterschiedlich toxisch sind [vgl. auch (95)].

3. Pterine (*43*).

Die in der Legende zur Abb. 53 bezeichneten Pterine wurden in Mengen von 60—200 γ im System n-Butanol/n/50 Salzsäure durch einfaches Weiterführen des Grundprozesses mit einer 25 Röhren-Metallapparatur 34fach verteilt. Aliquote Anteile der unteren Phasen wurden dann mit einer Puffermischung von p_H 12 versetzt und fluorometrisch vermessen. Die erhaltenen Kurven zeigen schon durch ihren symmetrischen Verlauf, daß die zugrunde liegenden Verbindungen I—III reine Substanzen waren, darunter synthetisches Xanthopterin (II) und Xanthopterin aus den Flügeln des Citronenfalters gewonnen (III). Verbindung IV [Pteridoxamin-carbonsäure-(8)] war nicht rein und noch weniger war es Pteridoxaminaldehyd-(8). Dieser war mit einer größeren Menge ebenfalls blaufluoreszierender Substanz verunreinigt, die sich erstmalig durch die Gegenstromverteilung zu erkennen gab.

Im gleichen Phasensystem können auch Lactoflavin und Lactoflavinphosphorsäure verteilt werden. Da deren Kurvenmaxima in der Gegend derer von Pterinen liegen, muß man zur Unterscheidung von Pterinen und Flavinen (z. B. in einem Gemisch aus einem Leberhomogenat-Inkubat) von der unterschiedlichen Fluoreszenzintensität bei alkalischem und schwachsaurem p_H Gebrauch machen. Die Lage der Kurvenmaxima über der Abszisse ist also ein Charakteristikum für

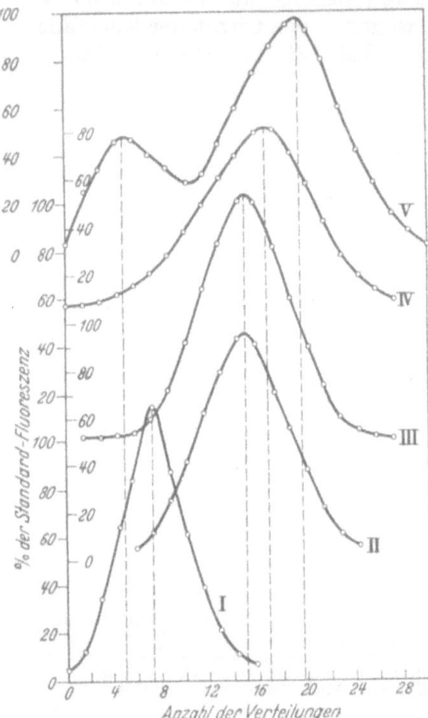

Abb. 53. Verteilungsverlauf bei der Gegenstromverteilung verschiedener Pterine. Wäßrige Phase: n/50 Salzsäure; organische Phase: n-Butanol. Kurve *I*: 2-Amino-6-oxypteridin (Pteridoxamin); *II*: synthetisches, *III*: natürliches Xanthopterin; *IV*: Pteridoxamin-carbonsäure-8; *V*: Gemisch von Pteridoxamin-aldehyd-8 mit einer Verunreinigung.
Nach RAUEN nud WALDMANN (*43*).

die betreffende Substanz. Dieses Verfahren diente zur Charakterisierung des ersten fermentativen Umwandlungsproduktes der Folsäure durch Leberhomogenat als N(12)-Formylfolsäure (*43*).

4. Niedere Fettsäuren (Angehörige von homologen Reihen) (*47*).

Eine Mischung von 57,1 mg Essigsäure, 51,0 mg Propionsäure, 55,0 mg n-Buttersäure und 50,0 mg n-Valeriansäure wurde im System Isopropyläther/2,2 M. Phosphatpuffer p_H 5,17 24fach verteilt. Dann wurde jeder Röhreninhalt mit 1 cm³ 8 M. Phosphorsäure angesäuert und nach Durchschütteln und Zentrifugieren die obere Schicht ab-

genommen. Je 1 cm³ der oberen Schichten wurde mit 0,0103 M. Natron-
lauge titriert. Die verbrauchten Mengen Alkali sind in Abb. 54 als
Ordinatenwerte gegen die Nummern der Röhrchen als Abszissenwerte

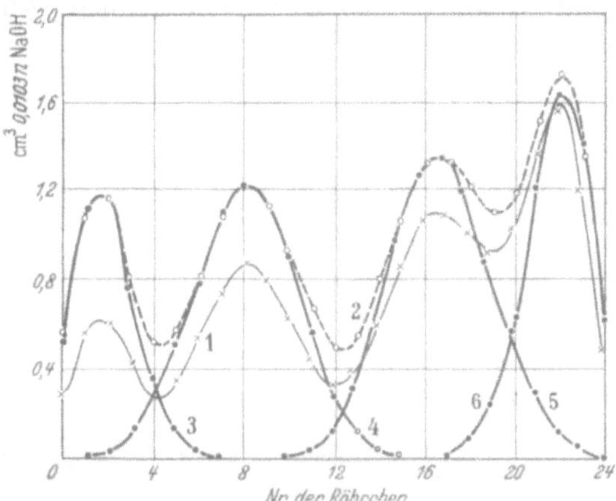

Abb. 54. 24fache Gegenstromverteilung einer Mischung von Essig-, Propion-, Butter- und Valeriansäure. Kurven *1* und *2* vgl. Text; Kurve *3* Essigsäure; Kurve *4* Propionsäure; Kurve *5* Buttersäure;
Kurve *6* Valeriansäure. ●—● berechnete Kurven. Nach SATO, BARRY und CRAIG (*47*).

aufgetragen und ergeben Kurve *1*. Dann gab man gleiche Volumina
frischen Isopropyläther auf die unteren Phasen, schüttelte um, trennte
durch Zentrifugieren und titrierte je 1 cm³ des Isopropylätherextraktes

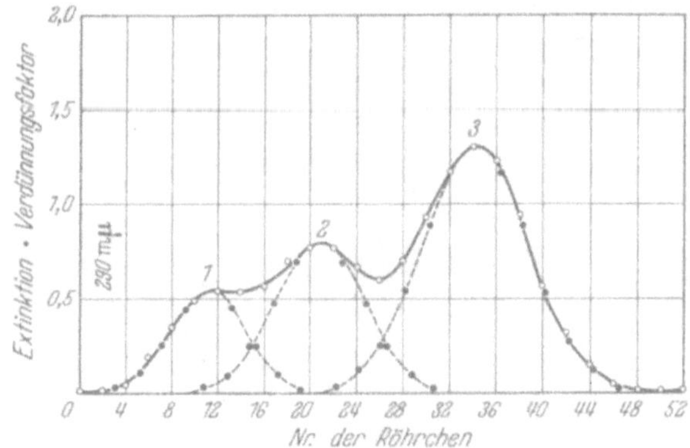

Abb. 55. Gegenstromverteilungskurve eines Gemisches von 1. p-Toluidin; 2. m-Toluidin und
3. o-Toluidin. o—o experimentelle, ●------● theoretische Kurven. Nach GOLUMBIC (*56*).

wie vorher. Die Summe der ersten und zweiten Titrationswerte ergab
Kurve *2*. Über diese 4gipflige Kurve wurden dann die theoretischen
Einzelkurven *3—6* gezeichnet. Diese passen sich Kurve *2* gut an. Aus
den eingezeichneten theoretischen Kurven lassen sich die Mengenanteile
der 4 Fettsäuren am Gesamtgemisch mit 2—3 % Fehler berechnen
[zur Verteilung von Fettsäuren vgl. auch (*96*)].

5. Toluidine (Trennung von Isomeren) (56).

Im System Chloroform oder Cyclohexan/Citrat-Phosphatpuffer (ohne nähere Angaben) lassen sich o-, m- und p-Toluidin, ebenso wie isomere Picoline und Chinoline gut voneinander trennen. Abb. 55 zeigt

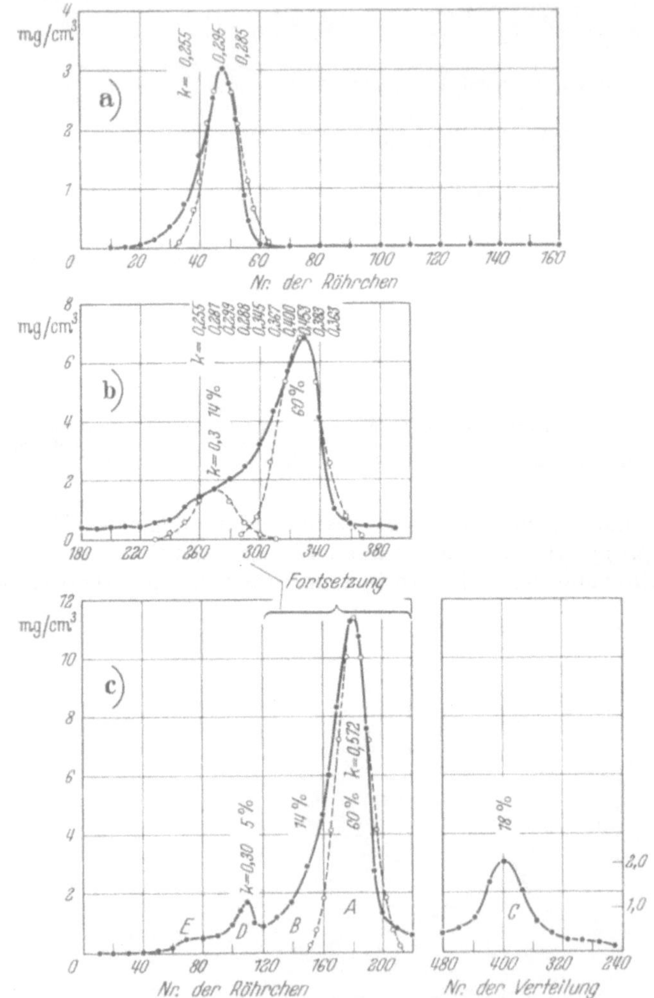

Abb. 56. Gegenstromverteilungskurven von der Fraktionierung eines unreinen Präparates von Bacitracin A. ●—● experimentelle, o----o theoretische Kurven. Vgl. Text. Nach CRAIG, WEISINGER, HAUSMANN und HARFENIST (29).

als Beispiel die Lage der Maxima nach 54facher Verteilung der drei Toluidine, zusammen mit den theoretischen Kurven. Für die Trennung und Charakterisierung von Teerbasen läßt sich dieses Verfahren gut verwenden. Vorfraktionierung durch die üblichen Extraktions- und Destillationsmethoden ist erforderlich [Gegenstromverteilung von Phenolen: (97); von aromatischen Säuren: (98)].

6. Bacitracin (*28*).

a) 6 g rohes Bacitracin wurden im System sec.-Butanol/3%ige wäßrige Essigsäure in der automatischen Glasapparatur von CRAIG und POST (s. Abb. 20) 527mal verteilt. Der Hauptgipfel ist nach Abb. 56c mit A bezeichnet. Bacitracin E kristallisiert leicht nach Verdampfen der Solventien, aber es besitzt nur eine geringe antibiotische Wirksamkeit. Bacitracin B ist eine reelle Komponente und nicht etwa durch die „ziehende" Verteilung von A vorgetäuscht. Dies wurde durch Vergleich der Papierchromatogramme der Totalhydrolysate von A und B bewiesen, die sich voneinander unterscheiden.

b) Zum Nachweis, daß das in den „Gipfelröhrchen" enthaltene Material einheitlich ist, wurden die Inhalte der Röhrchen 191—195 weiterverteilt und ein Diagramm mit 157 Verteilungsschritten nach Abb. 56a erhalten. Bacitracin C ist vollständig abwesend; es müßte in den Röhrchen 70—90 enthalten sein. Die eingezeichneten für 3 Positionen experimentell bestimmten k-Werte stimmen nicht mit dem aus der Lage des Gipfels über der Abszisse errechneten Wert von 0,414 überein. Die Abweichung zwischen experimentellem und berechnetem k-Wert ist auf den nichtlinearen Verlauf der Verteilungsisothermen des Bacitracins zurückzuführen. Es kann aber auch noch eine geringe Menge Bacitracin B im linken Schenkel der Verteilungskurve vorhanden sein.

c) In einem zweiten, bis zu dem durch die Abb. 56c wiedergegebenen Status vorangetragenen Verteilungsgang wurden die Bacitracine E und D entfernt und die Verteilungsmaschine auf Weiterverteilung eingestellt. Nach 900 Verteilungen wurde die Kurve in Abb. 56b erhalten. Jetzt ist durch die Erhebung der Kurve über 270 der Abszisse die B-Komponente unzweifelhaft nachgewiesen. Die Inhalte der Röhrchen 310 bis 340 wurden vereinigt und im Rotationstrockenapparat (s. Abb. 15) unter vermindertem Druck und bei einer 25° C niemals übersteigenden Temperatur zunächst die organische Phase abdestilliert, dann die wäßrige Phase gefroren und getrocknet. Ausbeute etwa 2 g Bacitracin A.

7. Actinomycin (*37*).

a) 220 mg Actinomycin, einer Kultur von Streptomyces chrysomallus entstammend, wurden im System Methyl-butyläther + n-Dibutyläther 71:29/30%ige wäßrige Harnstofflösung in einer vollautomatischen Apparatur mit je 50 cm³ unterer und oberer Phase 180fach verteilt und die Kurve nach Abb. 57 erhalten. Es bildeten sich deutlich 3 Gipfel aus, deren entsprechende Verbindungen als Actinomycine C_1, C_2 und C_3 bezeichnet wurden.

b) Die Inhalte der Röhrchen 28—51, 62—77 und 95—128 wurden vereinigt und die Actinomycine aus der Harnstofflösung mit Benzol extrahiert. Die Benzollösung wurde durch eine Säule von Aluminiumoxyd II filtriert und die gelbrote Actinomycinzone mit Essigester eluiert. Beim Einengen des Essigesters kristallisierte das Actinomycin aus. — Die vereinigten Ätherphasen wurden im Vakuum eingeengt, wobei der Methyl-butyläther zuerst überging und der Harnstoff ausfiel. Aus der vom Harnstoff abfiltrierten Lösung wurde das Actinomycin an Aluminiumoxyd II adsorbiert und die Säule gut mit Benzol durchgewaschen. Elution mit Essigester nach Einengen des Eluates lieferte kristallisiertes Actinomycin. — Die 3 Actinomycine enthielten L-Threonin, Sarkosin und L-Prolin, C_1 zusätzlich D-Valin und N-Methyl-L-valin, C_2 zusätzlich D-Valin, N-Methyl-L-valin und D-Alloisoleucin, C_3 zusätzlich N-Methyl-L-valin und D-Alloisoleucin. Beispiele für die Verteilung anderer Antibiotica vgl. (99).

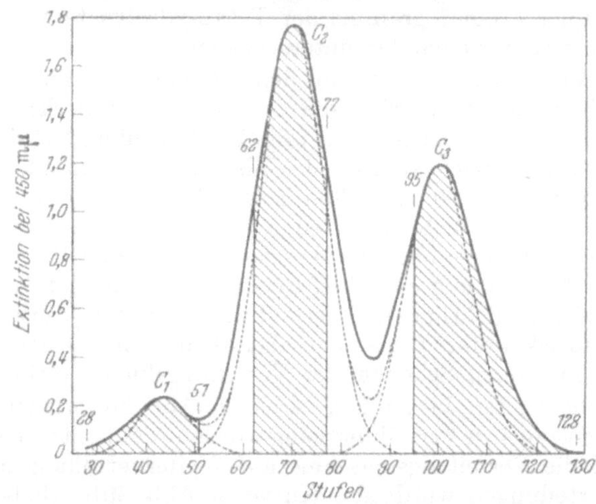

Abb. 57. 180stufige Verteilung von 220mg Actinomycin C in Methyl-butyläther + n-Dibutyläther (Volumenverhältnis 71:29)/30%ige wäßrige Harnstofflösung. ------ berechnete Kurven; ——— gefundene Kurve. Nach BROCKMANN und PFENNIG (37).

8. Hydrolysat von Tyrocidin A (35)
[Trennung von Aminosäuren, vgl. auch (100)].

Nach Reindarstellung der Hauptkomponente A des Tyrocidins (Antibioticum aus B. brevis) durch 2140fache Verteilung im System 200 cm³ Methanol + 200 cm³ Chloroform/100 cm³ n HCl wurden 1,51 g des Hydrochlorids in 300 cm³ 6 n HCl unter Rückfluß 24 Std gekocht. Nach Einengen des Hydrolysates im Vakuum zur Trockene wurde der Rückstand im Vakuum über KOH 24 Std aufbewahrt.

Diese Aminosäuremischung wurde in die 10 ersten Röhrchen der Apparatur zur Gegenstromverteilung eingegeben, wozu man ein Phasensystem nahm, das durch gegenseitiges Absättigen von 3000 cm³ einer wäßrigen Lösung von 300 g Ammoniumacetat, 300 cm³ Ammoniak (0,88) und einer Mischung von 900 cm³ n-Propanol und 1800 cm³ sec. Butanol hergestellt worden war. Nach 1410 Verteilungen ergab sich die Kurve a in Abb. 58 (Trockengewichtsbestimmung im Hochvakuum je 10 min bei 100° C mit Ausnahme im Gebiet der Röhrchen 120—119 der ersten Serie und den Verteilungsnummern 1050—1410 der Weiterführungsserie; sie enthielten noch Ammoniumchlorid und es mußte 30 min getrocknet werden).

Da die Prolinbande Ammoniumchlorid enthielt, wurde die Aminosäure auch colorimetrisch bestimmt. Nach dem Papierchromatogramm war in den der ersten Bande entsprechenden Röhrchen Asparaginsäure, Glutaminsäure und Ornithin. Die Substanz aus den Röhrchen der ersten Bande wurde gewonnen und im System tert. Amylalkohol/5% HCl 720fach verteilt, wonach sich Abb. 58b ergab. Die Röhren 30—100 wurden mit neuen Phasen beschickt und bis zur Stufe 1690 weiterverteilt. Jetzt ergab sich Abb. 58c. Aus den entsprechenden Abschnitten wurden L-Glutaminsäure-hydrochlorid, L-Ornithin-monohydrochlorid, ferner L-Prolin, L-Tyrosin, L-Leucin, DL- und D(+)-Phenylalanin und

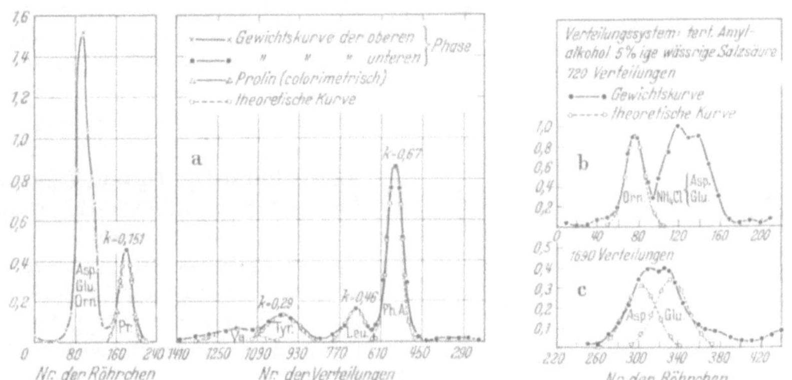

Abb. 58. Gegenstromverteilungskurven der Fraktionierung eines Hydrolysates von Tyrocidin A. Vgl. Text. ●—● experimentelle, o-----o theoretische Kurve. Nach BATTERSBY und CRAIG (35).

L-Valin kristallisiert erhalten, ferner L-Asparaginsäure quantitativ bestimmt.

Die Kurvenintegrale sind ein Maß für die Aminosäuremengen im Hydrolysat. Nach ihnen kommen im Tyrocidin A vor: 3,09 M Phenylalanin (davon 2 D-Phenylalanin und 1 L-Phenylalanin), 0,94 M Tyrosin, 0,9 M Valin, 0,95 M Leucin, 1,16 M Prolin, 1,00 M Ornithin-monohydrochlorid, 0,89 M Glutaminsäure-hydrochlorid, 0,93 M Asparaginsäure-hydrochlorid. Je Minimummolekulargewicht enthält Tyrocidin A noch 2 M Ammoniak, es besitzt keine freie Carboxylgruppe, keine α-Aminogruppe und hat die Summenformel $C_{66}H_{87}O_{13}N_{13}$.

Molekulargewicht: Nach der Summenformel: 1270. Aus der Verteilung des durch partielle Substitution aus Tyrocidin A erhaltenen Methylesters: 1300, des DNP-Derivates: 1270 (vgl. S. 68).

9. Peptisches Partialhydrolysat des adrenocorticotropen Hormons (28).

a) *17fache Verteilung* von 40 mg Rohmaterial zwischen jeweils 4 cm³ 2,4,6-Collidin/Wasser in Glasröhrchen. Nach der Verteilung werden jedem Röhrchen 10 cm³ thiophenfreies Benzol zugesetzt, gemischt und nach Absitzen die unteren wäßrigen Phasen in leere, vorgewogene Röhrchen übergesaugt. Sie werden nochmals mit je 5 cm³ Benzol extrahiert und dann in gefrorenem Zustand getrocknet. Abb. 59 gibt die Kurven für Trockengewicht und biologische Aktivität wieder. 75 % Trockensubstanz waren in den Röhrchen 0—8, der Rest und nahezu die gesamte biologische Aktivität in den Röhrchen 9—17.

b) *Vorreinigung des Rohmaterials durch 2fache Extraktion zwischen Collidin/Wasser.* Liegen die Verteilungsmaxima zweier Substanzgemische so weit auseinander wie im obigen Fall, dann ist eine Vorreinigung nach folgendem Schema angezeigt (Abb. 60) O = obere Phase, Collidin mit Wasser gesättigt, U = untere Phase, Wasser mit Collidin gesättigt. Das Peptidgemisch wurde in der wäßrigen Phase (2—5 mg/cm³, insgesamt 500 mg) U_0 gelöst und diese mit dem gleichen Volumen Collidin-Phase O_0 extrahiert. Nach Absitzen extrahierte man die obere Phase O_0 mit frischer unterer Phase U_1 und die ursprüngliche untere Phase U_0 mit frischer oberer Phase O_1. O_0 und U_0 wurden getrennt aufbewahrt. Dann wurde U_1 mit O_1 extrahiert und U_1 zur Seite gesetzt, weiter O_1 mit frischer unterer Phase U_2 extrahiert und O_1 und U_2 getrennt aufbewahrt. Nunmehr wurden die Phasen $U_0 + U_1 + U_2$ vereinigt und im gefrorenen Zustand getrocknet. Das gleiche geschah mit $O_0 + O_1$. Nach dem unter a) beschriebenen Versuch ist leicht einzusehen, daß die vereinigten oberen Phasen 27 % des Trockenmaterials, dafür aber 70 % der biologischen Aktivität enthielten.

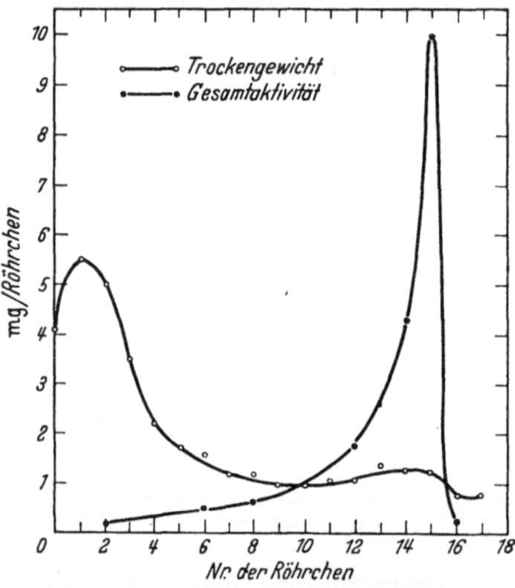

Abb. 59. 17fache Gegenstromverteilung eines Peptidpräparates aus einer ACTH-Aufarbeitung vom Schaf im System 2,4,6-Collidin/Wasser. Ordinate: Gesamttrockengewicht bzw. Gesamtaktivität je Röhrchen.
Nach CARPENTER und Mitarbeitern (*28*).

c) *99fache Gegenstromverteilung dieses vorgereinigten Materials im gleichen Phasensystem* (Glasapparatur nach CRAIG und POST). Die Inhalte der ersten 15 Verteilungseinheiten mußten wegen Emulsionsbildung in der Zentrifuge in die beiden Phasen getrennt werden. Nach vollständiger Verteilung trocknete man Röhrcheninhalte einzeln im gefrorenen Zustande und bestimmte die Trockenrückstände. Mit diesen wurde dann die Ninhydrinreaktion durchgeführt und auf biologische Aktivität geprüft. Das Ergebnis zeigt Abb. 61. Das Substanzgemisch wurde in mindestens 5 Fraktionen zerlegt. Insgesamt konnte durch die Kombination der unter b) und c) beschriebenen Verteilungsmaßnahmen das biologisch aktive Material 8fach angereichert werden.

10. Molekulargewichtsbestimmung von Polypeptiden (*30*).

Prinzip: Ein Polypeptid mit z. B. einer freien NH_2-Gruppe wird mit so viel 2,4-Dinitrofluorbenzol behandelt, daß nur ein Teil in das 2,4-Dinitrophenylderivat übergeführt wird. Bei der Verteilung dieser

Reaktionsmischung in einem geeigneten System wird eine 2gipflige Kurve erhalten. Ein Gipfel entspricht dem unveränderten Polypeptid, der zweite dem DNP-Derivat. Man bestimmt die Substanzmenge in den Röhrchen gravimetrisch und mißt die Extinktion bei 350 mμ. Als Berechnungsbasis verwendet man den ε-Wert für δ-DNP-Ornithin-hydrochlorid zu 16,250.

Die Abb. 62 zeigt die Verteilung von DNP-Gramicidin S, einer

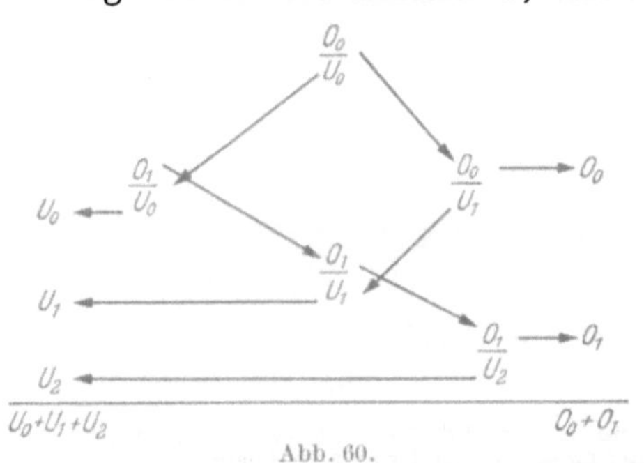

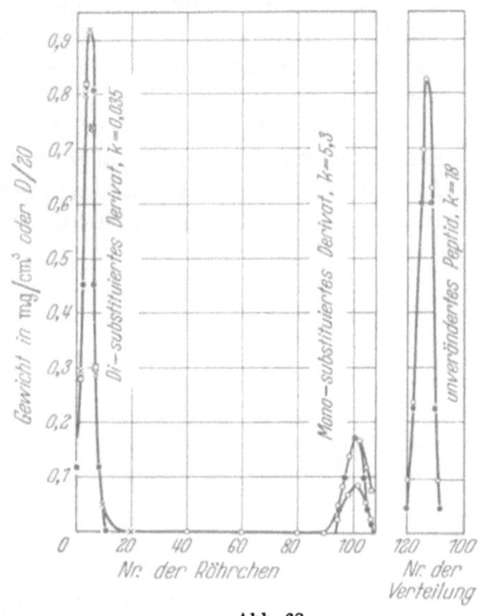

Abb. 60. Vorreinigungsschema eines ACTH-Peptidpräparates vom Schaf. Vgl. Text.

Abb. 62. Gegenstromverteilungskurve eines partiellen Umsetzungsproduktes von Gramicidin S mit 1-Fluor-2.4-dinitrobenzol. ×——× Gewicht je Kubikzentimeter in der unteren Phase; o——o Gewicht je Kubikzentimeter in der oberen Phase; □——□ Extinktion bei 350 mμ; ●——● theoretische Kurve. Verteilungssystem: 20 Benzol, 10 Chloroform, 23 Methanol, 7 0,01 n Salzsäure. 120 Verteilungen. Nach BATTERSBY und CRAIG (30).

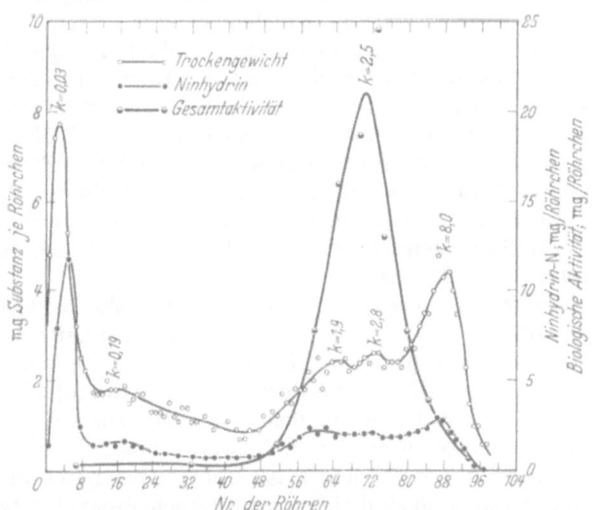

Abb. 61. 99fache Gegenstromverteilung eines teilweise gereinigten ACTH-Präparates vom Schaf zwischen 2,4,6-Collidin/Wasser. Jeder Kurvenpunkt der biologischen Aktivitätskurve wurde mit je 10 Tieren bei 2 Dosen bestimmt. Nach CARPENTER und Mitarbeitern (28).

zweisäurigen Base im System 20 cm³ Benzol + 10 cm³ Chloroform / 23 cm³ Methanol + 7 cm³ 0,01 n HCl. Theoretisch sind von dieser Verbindung 4 Gipfel zu erwarten: a) unverändertes Gramicidin S, b) 2 Monosubstitutionsprodukte, c) ein Bisubstitutionsprodukt. Praktisch zeigen sich nur 3 Gipfel, wovon einer den beiden Monosubstituenten entspricht.

Das berechnete Molekulargewicht betrug 1300. Quantitative Aminosäurenbestimmung und Röntgenanalyse ließen sowohl ein Pentapeptid mit M.-Gew. 571 wie ein Dekapeptid mit M.-Gew. 1142 zu. Mit der obigen Methode ist eindeutig zugunsten des letzten Molekulargewichtes entschieden.

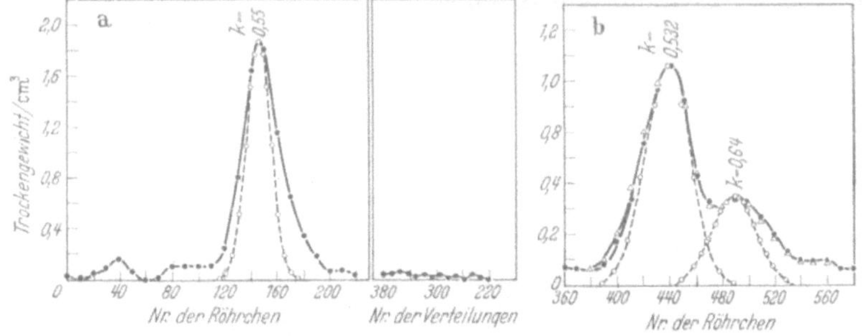

Abb. 63. Gegenstromverteilung von kristallisiertem Insulin. Vgl. Text. ●—● Trockengewicht, o—o theoretische Kurve, △—△ Extinktion bei 277 mµ der unteren Phase. Nach HARFENIST und CRAIG (*38*).

11. Insulin (*38*).

Bestes Phasensystem ist sec. Butanol/1 % Dichloressigsäure. (Weitere Systeme s. S. 14.) 1 g 5fach umkristallisiertes Insulin (15,52 % N Dumas, biologische Aktivität: 27 E/mg) wurden in die ersten 7 Röhrchen einer vollautomatischen Apparatur mit 220 Einheiten eingefüllt und bei 24° C (konstant) zunächst 383fach verteilt. Durch Trockengewichtsanalyse wurde Kurve *a* in Abb. 63 erhalten. Nach Ersatz der Phasen in den Röhren 0—110 wurde im Kreisprozeß insgesamt 1253fach verteilt und Kurve *b* in Abb. 63 erhalten. Aus den Röhren 410—460 und 480 bis 530 wurden die Insulinkomponenten A_1 und B_1 kristallin erhalten. Nach nochmaliger Reinigung dieser beiden Komponenten durch ganz entsprechende Verteilung zeigten die kristallinen Komponenten die biologischen Aktivitäten 23 und 22 E/mg.

Auch andere kristallisierte und mehr noch amorphe Insulinpräparate erwiesen sich mit der Gegenstromverteilung als uneinheitlich, wenn sie auch nach den anderen üblichen Kriterien (Löslichkeitsmethode von NORTHROP und KUNITZ, Elektrophorese, Ultrazentrifuge) als einheitlich befunden wurden. Eine Spaltung des „nativen" Insulins in mehrere, hauptsächlich 2 Komponenten, ist nicht wahrscheinlich, da die beiden Hauptkomponenten A und B leicht kristallin zu gewinnen und biologisch hochaktiv sind. Analytisch sind sie nicht unterscheidbar, besitzen jedoch im angewandten Phasensystem die Verteilungskoeffizienten 0,49 und 0,59. Bei höheren Konzentrationen bildet Insulin leicht Assoziate.

Molekulargewichtsbestimmung (38): Mit der unter Abschnitt 10. beschriebenen Methode ergab sich das Molekulargewicht des Insulins zu 6500, ein Wert, der zu dem von FREDERICQ-NEURATH (83) von etwa 6000 paßt. Mit anderen Methoden wurden Werte von 12000 (84) gefunden.

12. Clupein (15).

a) 60 mg Clupeinmethylester-hydrochlorid wurden im System 5% Laurinsäure in n-Butanol/15%ige wäßrige Natriumacetatlösung mit der

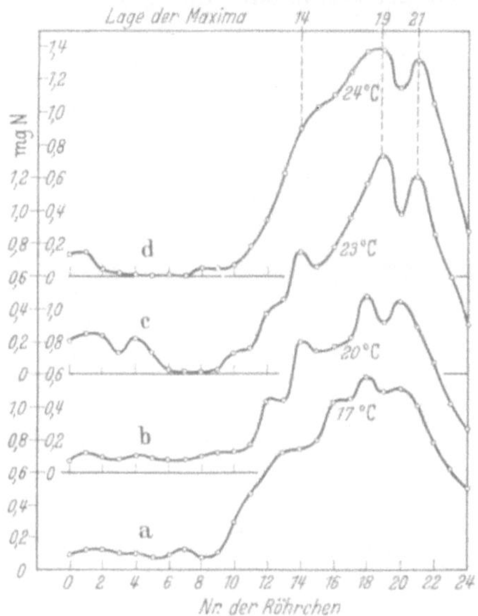

Abb. 64. Verteilungskurven von Clupeinmethylester-hydrochlorid. Vgl. Text. Nach RAUEN, STAMM und FELIX (15).

CRAIGschen Metallapparatur 24fach verteilt. Nach Abtrennen der oberen von den unteren Phasen bestimmte man den Gesamt-N in aliquoten Anteilen und trug den Gesamt-N gegen die Nummern der Röhrchen auf. Da der Mischverteilungskoeffizient des Clupeins stark temperaturabhängig ist, entfalten sich die Verteilungskurven mit steigender Temperatur, wie Abb. 64 sehr schön erkennen läßt. Die Kurven *a—c* wurden mit dem gleichen, aus getrockneten Spermatozoenköpfen des Herings dargestellten Clupeinderivat erhalten. Die Kurve *d* stammt dagegen von einem aus frischen tiefgefrorenen Heringstestikeln gewonnenen Präparat.

b) *Stufenweise fraktionierte Gegenstromverteilung von Clupeinmethylester-hydrochlorid.* 240 mg Protamin (= 57 mg Gesamt-N), d.h. die 4fache Menge wie in dem vorher beschriebenen Versuch, wurden zunächst 24fach verteilt und Kurve *a* in Abb. 65 erhalten. Sie hat infolge der größeren Protaminmenge einen etwas anderen Verlauf als die Kurven in Abb. 64, weil nun die Grenzkonzentration überschritten ist, bis zu der der Verteilungskoeffizient unabhängig von der Konzentration ist. Von dieser Verteilung wurden in einem zweiten Arbeitsgang die Inhalte der Röhrchen 8—16 in der Apparatur belassen und wieder 24fach verteilt. Die Röhrchen 0—8 dieser zweiten Verteilung wurden in einem dritten Arbeitsgang im Kreisprozeß 34fach verteilt. In der gleichen Weise verfuhr man mit den Inhalten der Röhrchen 12—24 der zweiten Verteilung in einem vierten Arbeitsgang. Die Verteilungen des dritten und vierten Arbeitsganges wurden sinngemäß zusammengefaßt und sind als Kurve *b* in Abb. 65 wiedergegeben. Aus den zusammengehörenden und vereinigten Fraktionen konnte das Clupein aus den oberen Phasen durch Ausschütteln mit 1 n Schwefelsäure entfernt

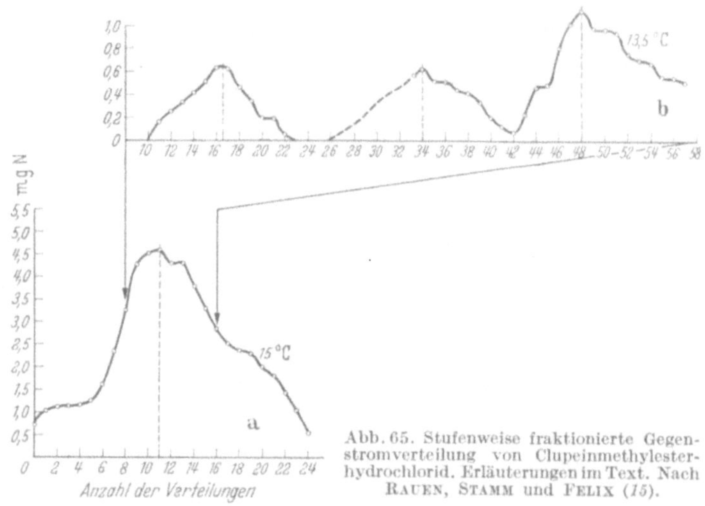

Abb. 65. Stufenweise fraktionierte Gegenstromverteilung von Clupeinmethylesterhydrochlorid. Erläuterungen im Text. Nach Rauen, Stamm und Felix (15).

werden. Aus diesem Extrakt und aus den unteren Phasen ließen sich Säure und Neutralsalze durch Rührdialyse entfernen und das Clupein als Pikrat ausfällen und isolieren. Die so dargestellten Clupeinanteile zeigten abweichende Zusammensetzungen an Aminosäuren. [Einige weitere Beispiele von Gegenstromverteilungen siehe noch unter (101)].

Literatur.

1. Craig, L. C.: J. of Biol. Chem. 150, 33 (1943); 155, 519 (1944).
2. Jantzen, E.: Dechema-Monographien, Bd. 28. Berlin 1932.
3. Cornish, R. E., R. C. Archibald, E. A. Murphy and H. M. Evans: Industr. Engng. Chem. 26, 397 (1934).
4. Martin, A. J. P., and R. L. M. Synge: Biochemic. J. 35, 91 (1940).
5. Engelhard, F. J. W.: Chemie-Ingenieur 3, 198 (1939).
6. Rauen, H. M.: Chromatographie. In Hoppe-Seyler-Thierfelder, Handbuch der physiologisch- und pathologisch-chemischen Analyse, 10. Aufl., Bd. 1, S. 122.
7. Varteressian, K. A., and M. R. Fenske: Industr. Engng. Chem. 29, 270 (1937).
8. Golumbic, C.: Analyt. Chem. 23, 1210 (1951).
9. Golumbic, C.: J. Amer. Chem. Soc. 71, 2627 (1949). — Golumbic, C., M. Orchin and S. Weller: J. Amer. Chem. Soc. 71, 2624 (1949).
10. Craig, L. C., H. Mighton, E. Titus and C. Golumbic: Analyt. Chem. 20, 134 (1948).

11. CRAIG, L. C., and O. POST: Analyt. Chem. **21**, 500 (1949).
12. GOLUMBIC, C., and S. WELLER: J. Amer. Chem. Soc. **74**, 3739 (1952).
13. Vgl. RAUEN, H. M., u. W. STAMM: Chem.-Ing.-Techn. **21**, 259 (1949).
14. SYNGE, R. L. M.: Biochemic. J. **33**, 1913 (1939).
15. RAUEN, H. M., W. STAMM u. K. FELIX: Z. physiol. Chem. **292**, 101 (1953).
16. CRAIG, L. C., C. GOLUMBIC, H. MIGHTON and E. TITUS: J. of Biol. Chem. **161**, 321 (1945).
17. CRAIG, L. C., G. H. HOGEBOOM, F. CARPENTER and V. DU VIGNEAUD: J. of Biol. Chem. **168**, 665 (1947).
18. O'KEEFFE, A F., M. A. DOLLIVER and E. T. STILLER: J. Amer. Chem. Soc. **71**, 2452 (1949).
19. PAULING, L.: The Nature of the Chemical Bond. Ithaca. New York 1945.
20. MARTIN, A. J. P.: Biochem. Soc. Symp. **3**, 4 (1949).
21. ENGLAND, A., and E. J. COHN: J. Amer. Chem. Soc. **57**, 634 (1945).
22. BROCKMANN, H., u. N. PFENNIG: Naturwiss. **39**, 429 (1952).
23. PLAUT, G. W. E.: J. Amer. Chem. Soc. **71**, 2264 (1949).
24. DAKIN, H. D.: Biochemic. J. **12**, 290 (1918). — J. of Biol. Chem. **44**, 499 (1920). — Z. physiol. Chem. **130**, 159 (1923). Vgl. ferner 21. und viele spätere Forscher.
25. CRAIG, L. C., W. HAUSMANN and J. R. WEISINGER: J. of Biol. Chem. **199**, 865 (1952).
26. BARRY, G. T., J. D GREGORY and L. C. CRAIG: J. of Biol. Chem. **175**, 485 (1948).
27. WOLLEY, B. W.: J. of Biol. Chem. **179**, 593 (1949).
28. CARPENTER, F. H., G. P. HESS and CH. H. LI: J. of Biol. Chem. **197**, 7 (1952).
29. CRAIG, L. C., J. R. WEISINGER, W. HAUSMANN and E. HARFENIST: J. of Biol. Chem. **199**, 259 (1952).
30. BATTERSBY, A. R., and L. C. CRAIG: J. Amer. Chem. Soc. **73**, 1887 (1951).
31. TITUS, E., and J. FRIED: J. of Biol. Chem. **174**, 57 (1948).
32. PECK, R. L., CH. E. HOFFKINE jr., P. GELE and K. FOLKERS: J. Amer. Chem. Soc. **71**, 2590 (1949).
33. SATO, Y., G. T. BARRY and L. C. CRAIG: J. of Biol. Chem. **174**, 217 (1948).
34. GREGORY, J. D., and L. C. CRAIG: J. of Biol. Chem. **172**, 839 (1948).
35. BATTERSBY, A. R., and L. C. CRAIG: J. Amer. Chem. Soc. **74**, 4019, 4023 (1952).
36. BURTON, A. J., and E. P. ABRAHAM: Biochemic. J. **50**, 168 (1951).
37. BROCKMANN, H., u. N. PFENNIG: Z. physiol. Chem. **292**, 77 (1953).
38. HARFENIST, E. J., and L. C. CRAIG: J. Amer. Chem. Soc. **73**, 877. 878 (1951); **74**, 3083 (1952).
39. HESS, G. P., F. H. CARPENTER and CH. H. LI: J. Amer. Chem. Soc. **74**, 4956 (1952).
39a. LESH, J. B., J. D. FISHER, I. M. BUNDING, J. J. KOCSIS, L. J. WALASZEK, W. F. WHITE and E. E. HAYS: Science (Lancaster, Pa.) **112**, 43 (1950).
40. TINKER, J. F., and G. B. BROWN: J. of Biol. Chem. **173**, 585 (1948).
41. BACHER, J. E., and F. W. ALLEN: J. of Biol. Chem. **188**, 59 (1951).
42. RAUEN, H. M., u. H. WALDMANN: Z. physiol. Chem. **287**, 216 (1951).
43. RAUEN, H. M., u. H. WALDMANN: Z. physiol. Chem. **286**, 180 (1950). — RAUEN, H. M., H. WALDMANN u. M. BUCHKA: Z. physiol. Chem. **288**, 10 (1951).
44. CARTER, H. E., P. K. BHATTACHARYYA, K. R. WEIDMANN and G. FRAENKEL: Arch. of Biochem. a. Biophysics **38**, 405 (1952).
45. PLAUT, G. E. W., ST. A. KUBY and H. A. LARDY: J. of Biol. Chem. **184**, 243 (1950).
46. SCHLUBACH, H. H., u. H. MÜLLER: Liebigs Ann. **578**, 194 (1952).
47. SATO, Y., G. T. BARRY and L. C. CRAIG: J. of Biol. Chem. **170**, 501 (1947).
48. BARRY, G. T., Y. SATO and L. C. CRAIG: J. of Biol. Chem. **188**, 299 (1951).
49. AHRENS, E. H., and L. C. CRAIG: J. of Biol. Chem. **195**, 299 (1952).
50. LOVERN, J. A.: Annual Rev. Biochem. **18**, 97 (1949).
51. COLE, P. G., G. H. LATHE and C. R. J. RUTHVEN: Biochemic. J. **53**, VI (1953).
52. AHRENS, jr. E. H., and L. C. CRAIG: J. of Biol. Chem. **195**, 763 (1952).
53. ENGEL, L. L., W. R. SLAUNWHITE jr., P. CARTER and J. T. NATHANSON: J. of Biol. Chem. **185**, 255 (1950). — ENGEL, L. L., W. R. SLAUNWHITE jr., P. CARTER and P. C. OLMSTED: J. of Biol. Chem. **191**, 621 (1951).

54. ROSENKRANTZ, H., A. T. MILHORAT and M. FARBER: J. of Biol. Chem. **192**, 9 (1951).
55. TSCHESCHE, R., G. GRIMMER u. F. NEUWALD: Chem. Ber. **85**, 74 (1952).
56. GOLUMBIC, C.: Analyt. Chem. **24**, 1849 (1952).
57. HUNTER, T. G., and A. W. NASH: J. Soc. Chem. Industr. **51**, 285 (1932). — GREEN, G. C.: Chem. Age **50**, 519 (1944).
58. BARRY, G. T., Y. SATO and L. C. CRAIG: J. of Biol. Chem. **174**, 209 (1948).
59. FELIX, K., H. M. RAUEN, W. STAMM u. G. ZIMMER: Z. physiol. Chem. **286**, 199 (1950).
60. CRAIG, L. C., W. HAUSMANN, E. H. AHRENS jr. and E. J. HARFENIST: Analyt. Chem. **23**, 1326 (1951).
61. CRAIG, L. C., J. D. GREGORY and W. HAUSMANN: Analyt. Chem. **22**, 1462 (1950).
62. CRAIG, L. C., and H. O. POST: Industr. Engng. Chem. (Analyt. Ed.) **16**, 413 (1944). — Analyt. Chem. **21**, 500 (1949).
63. CRAIG, L. C., W. HAUSMANN, E. H. AHRENS jr. and E. J. HARFENIST: Analyt. Chem. **23**, 1236 (1951).
64. METZSCH, F. A. v.: Chem.-Ing.-Techn. **25**, 66 (1953).
65. GRUBHOFER, N.: Chem.-Ing.-Techn. **22**, 209 (1950).
66. WEYGAND, F.: Chem.-Ing.-Techn. **22**, 213 (1950).
67. TSCHESCHE, R. u. H. B. KÖNIG: Chem.-.-Ing.-Techn. **22**, 214 (1950).
67a. LATHE, G. H., and C. R. J. RUTHVEN: Biochemic. J. **49**, 540 (1951).
68. WEYGAND, F.: Z. Naturforsch. **6**b, 130 (1951).
69. KIES, M. W., and P. L. DAVIS: J. of Biol. Chem. **189**, 637 (1951).
70. Vgl. RITCHARD, W.: Inaugural-Diss. Bern 1952. — ALLEMANN, K.: Inaugural-Diss. Bern 1953.
71. BUSH, M. T., and P. M. DENSEN: Analyt. Chem. **20**, 121 (1948).
72. KARLSON, P., u. E. HECKER: Z. Naturforsch. **5**b, 237 (1950).
73. WILLIAMSON, B., and L. C. CRAIG: J. of Biol. Chem. **168**, 687 (1947).
74. LIEBERMAN, S. V.: J. of Biol. Chem. **173**, 63 (1948).
75. GREGORY, J. D., and L. C. CRAIG: Ann. New York Acad. Sci. **53**, 1015 (1951).
76. CRAIG, L. C.: Analyt. Chem. **22**, 1346 (1950).
77. CRAIG, L. C., and D. CRAIG: In WEISSBERGER, A., Technique of organic chemistry, Bd. 3, S. 171. New York 1950.
78. NICHOLS, P. L.: Analyt. Chem. **22**, 915 (1950).
79. ZILCH, K. T., and H. J. DUTTON: Analyt. Chem. **23**, 775 (1951).
80. HECKER, E.: Z. Naturforsch. **8**b, 77 (1953).
81. BARRY, G. T., Y. SATO and L. C. CRAIG: J. of Biol. Chem. **174**, 221 (1948).
82. NORTHROP, J. H., and M. KUNITZ: J. Gen. Physiol. **13**, 787 (1930).
83. FREDERICQ, E., and H. NEURATH: J. Amer. Chem. Soc. **72**, 2684 (1950).
84. ONCLEY, J. L., E. ELLENBOGEN, D. GITLIN and F. R. N. GURD: J. Phys. Chem. **56**, 85 (1952). — TIETZE, F., and H. NEURATH: J. of Biol. Chem. **194**, 1 (1952). — GUTFREUND, H.: Biochemic. J. **50**, 564 (1952). — DOTY, P., M. GELLERT and B. RABINOVITCH: J. Amer. Chem. Soc. **74**, 2065 (1952).
85. TSAI, K. R., and Y. FU: Analyt. Chem. **21**, 818 (1949).
86. Vgl. hierzu noch *Homologe Phenole:* FIESER, L. F., M. G. ETTLINGER and G. FAWAZ: J. Amer. Chem. Soc. **70**, 3228 (1948).
Homologe Kohlenwasserstoffe: GOLUMBIC, C.: Analyt. Chem. **22**, 578 (1950).
Homologe Fettsäuren: ARCHIBALD, R. C.: J. Amer. Chem. Soc. **54**, 3178 (1932).
87. GOLUMBIC, C., and G. GOLDBACH: J. Amer. Chem. Soc. **73**, 3966 (1951).
88. GOLUMBIC, C., and M. ORCHIN: J. Amer. Chem. Soc. **72**, 4145 (1950).
89. ARNOLD, R. T., and J. RICHTER: J. Amer. Chem. Soc. **70**, 3505 (1948).
90. Vgl. hierzu auch GROSS, P. M.: Chem. Rev. **13**, 91 (1933). — YABROFF, D. L., and E. R. WHITE: Industr. Engng. Chem. **32**, 950 (1940). — SCHEIDEL, E. G.: Chem. Engng. Progr. **44**, 681 (1948). — PAQUIN, A. M.: Chemiker-Ztg. **74**, 323 (1950). — DEVERSER, R.: Angew. Chem. **63**, 327 (1951).
91. Vgl. auch HUNTER, T. G., and A. W. NASH: Industr. Engng. Chem. **27**, 836 (1935).
92. Vgl. hierzu besonders STENE, S.: Ark. Kemi A 18, Nr 18 (1944), in welcher Arbeit eine ausführliche mathematische Darstellung aller Verteilungen gegeben wird.

93. BUSH, M. T., A. GOTH and H. L. DICKISON: Pharmacol. Exp. Ther. 84, 262 (1945).
94. Vgl. hierzu noch ATCHLEY, W. A.: J. of Biol. Chem. 176, 123 (1948).
95. TITUS, E., L. C. CRAIG, C. GOLUMBIC, H. R. MIGHTON, I. M. WEMPEN and R. C. ELDERFIELD: J. Org. Chem. 13, 39 (1948).
96. ELSDEN, S. R.: Biochemic. J. 40, 252 (1946). — BERGSTROEM, S.: Helvet. chim. Acta 32, 3 (1949). — CANNON, J. A., K. T. ZILCH and H. J. DUTTON: Analyt. Chem. 24, 1530 (1952).
97. WARSHOWSKY, B., and E. J. SCHANTZ: Analyt. Chem. 20, 951 (1948). — GOLUMBIC, C., E. O. WOOLFOLK, R. A. FRIEDEL and M. ORCHIN: J. Amer. Chem. Soc. 72, 1939 (1950).—HOSACK, R., and C. GOLUMBIC: J. Amer. Chem. Soc. 73, 1567 (1951).
98. RUDKIN, G. O., and I. M. NELSON: J. Amer. Chem. Soc. 69, 1470 (1947).
99. *Penicilline:* BARTELS, C. R., and M. A. DOLLIVER: J. Amer. Chem. Soc. 72, 11 (1950).
Streptomycine: TITUS, E., and J. FRIED: J. of Biol. Chem. 168, 391, 393 (1947). THORNE, C. B., and W. H. PETERSON: J. of Biol. Chem. 176, 413 (1948). — PLAUT, G. W. G., and R. B. McCORMACK: J. Amer. Chem. Soc. 71, 2264 (1949). — SWART, E. A.: J. Amer. Chem. Soc. 71, 2942 (1949).
Neomycin: SWART, E. A., H. A. LECHEVALIER and S. A. WAKSMAN: J. Amer. Chem. Soc. 73, 3253 (1951).
Rhodomycin: BROCKMANN, H., K. BAUER u. I. BORCHES: Chem. Ber. 84, 700 (1951).
Ayfivin: NEWTON, G. G. F., and E. P. ABRAHAM: Biochemic. J. 47, 257 (1950).
Nisin: BERRIDGE, N. J.: Nature (Lond.) 169, 707 (1952).
Phagopyrin: BROCKMANN, H., H. B. WEBER u. G. PAMPUS: Liebigs Ann. Chem. 575, 153 (1952).
Polypeptin: HAUSMANN, W., and L. C. CRAIG: J. of Biol. Chem. 198, 405 (1952).
Actidion: FORD, J. H., and B. E. LEACH: J. Amer. Chem. Soc. 70, 1223 (1948).
Antibioticum aus Aspergillus natus: HOGEBOOM, G. H., and L. C. CRAIG: J. of Biol. Chem. 162, 363 (1946).
Antibioticum aus Bacillus licheniformis: CALLOW, R. K., and T. S. WORK: Biochemic. J. 51, 558 (1952).
100. SYNGE, R. L. M.: Biochemic. J. 33, 1918 (1939).
101. *Anorganische Verbindungen:* TOMPKINS, E. R., J. X. KHYM and W. E. COHN: J. Amer. Chem. Soc. 69, 2769 (1947).
Glyceride: GREEN, L. G.: Chem. Age 50, 519 (1944). — DUTTON, H. J., C. R. LANGASTER, C. D. EVANS and J. C. COWAN: J. Amer. Oil Chem. Soc. 27, 25 (1950).
Sterole: CORNISH, R. E., R. C. ARCHIBALD, E. A. MURPHY and H. M. EVANS: Ind. Eng. Chem. 26, 397 (1934).
Diphosphopyridinnucleotid: HOGEBOOM, G. H., and G. T. BARRY: J. of Biol. Chem. 176, 935 (1948).
Biotin: BOWDEN, J. P., and W. H. PETERSON: J. of Biol. Chem. 178, 533 (1948).